Patricia B. McConnell & Karen B. London

Spielend Freunde werden

Richtiges Spiel
für Hund und Mensch

Kynos Verlag

Titel der englischen Originalausgabe: *Play Together, Stay Together*
Happy and Healthy Play Between People and Dogs

© 2008 by McConnell Publishing Ltd. USA

Aus dem Amerikanischen übertragen von Gisela Rau

Titelbild: Tierfotoagentur.de/Jeanette Hutfluss

© 2009 für die deutsche Ausgabe
KYNOS VERLAG Dr. Dieter Fleig GmbH
Konrad-Zuse-Straße 3 • D-54552 Nerdlen/Daun
Telefon: +49 (0) 6592 957389-0
Telefax: +49 (0) 6592 957389-20
www.kynos-verlag.de

Gedruckt in Lettland

ISBN 978-3-938071-77-9

Mit dem Kauf dieses Buches unterstützen Sie die
Kynos Stiftung Hunde helfen Menschen
www.kynos-stiftung.de

Das Werk einschließlich aller seiner Teile ist urheberrechtlich geschützt.
Jede Verwertung außerhalb der engen Grenzen des Urheberrechtsgesetzes ist ohne schriftliche Zustimmung des Verlages unzulässig und strafbar. Das gilt insbesondere für Vervielfältigungen, Übersetzungen, Mikroverfilmungen und die Einspeicherung und Verarbeitung in elektronischen Systemen.

Inhaltsverzeichnis

Einleitung   5
   Jeder Hund ist anders   7

Spielend die Beziehung zum Hund verbessern   9
   Wie Sie Ihrem Hund sagen, dass Sie mit ihm spielen möchten   11

Spiele für Ihren Hund und Sie   15
   Das Fang-mich-Spiel   15
   Ball spielen   18
   Zerrspiele   21
   »Verrückt gewordener Besitzer«   24
   Das Suchspiel   26
   Versteckspiel   28

Tricks lernen   30
   Durch den Reifen springen   30
   Schämst du dich nicht?   32
   Ich brauche ein Taschentuch   33
   Schnüffeln auf Kommando   35
   In welcher Hand?   36

Organisierter Sport in Hundeschulen   37
   Agility   38
   Fährtensuche   39
   Flyball   39
   Mushing   40
   Dog Dancing (oder »Freestyle Obedience«)   40
   Hütearbeit   40
   Obedience   41
   Tricks   41
   Spiele   42

Spielsachen: Gute, schlechte und quietschende — 43
Die richtigen Spielsachen — 43
Wurf- und Apportierspielzeuge — 46
Runde, rollende Dinge — 46
Scheibenförmige Spielzeuge — 47
Ziehspielzeuge — 48
Selbstständiges Spielen mit Denkspielzeugen — 49

Spielend zum gehorsamen Hund — 53
Ein Wort zum Thema Futter — 55
Kommen auf Zuruf und das Jagdspiel — 56
Tricks für Leckerli – Lehren Sie Sitz und Platz mit Tricks — 58
Verrückte Besitzer und höfliche Hunde auf Spaziergängen — 59
Freundliche Begrüßung und »Geh und hol dein Spielzeug« — 61
Zerrspiele und »Nimm's/Gib's her« lernen — 63
Zerrspiele zum Lernen von Impulskontrolle — 64
Wie Spielen auch bei allen anderen Trainingsaufgaben helfen kann — 66
»Bleib« und Spielen integrieren — 67

Sie müssen nicht immer spielen — 68
Das Signal »Genug« trainieren
(Oder: Tut mir leid, dein gewünschter Mensch steht momentan nicht zur Verfügung) — 69

Wie Sie nicht mit Ihrem Hund spielen sollten — 73
Sie sind kein Spielzeug — 73
Beginnen Sie früh — 75
Kein grobes Rauf- und Bolzspiel — 76
Entfernen Sie den Hänselfaktor — 77
Die Zeichen für Übererregung erkennen — 79
Überdrehen vermeiden – bringen Sie Ihrem Hund »Fertig!« bei — 81
Was tun, wenn Ihr Hund überdreht? — 83

Fazit — 84
Danksagung — 85
Quellen und Lesetipps — 86

Einleitung

Spielen ist eine machtvolle Sache. Es beeinflusst sehr viele Dinge – einschließlich Entwicklung, Motivation, Gefühlen, Physiologie, Kommunikation und Verhalten. Hui! Eine ganz schön beeindruckende Liste. Deshalb sind wir der Meinung, dass das Spiel zwischen Mensch und Hund ein eigenes Büchlein wert ist.

Intelligentes Spielen kann viel dazu beitragen, das Leben von Mensch und Hund schöner zu machen. Am wichtigsten aber ist: Spiel ist ein effektiver (und fröhlicher!) Weg, die Beziehung zu unserem Hund zu stärken. Und was könnte wichtiger sein, da Mensch und Hund nun einmal zwei unterschiedlichen Spezies angehören? Dass wir die besten Freunde unserer Hunde sind, ist in unseren Köpfen fest verankert, aber diese Beziehung sollte nicht für selbstverständlich genommen werden. Manchmal vergessen wir, wie besonders sie ist. Immer wieder sind Menschen überrascht, wenn sie von Individuen unterschiedlicher Spezies lesen, die zusammenleben und miteinander spielen – wie zum Beispiel ein Gorilla und sein Kätzchen oder ein Hund, der Eichhörnchen großzieht. Aber dass wir mit Hunden leben, finden wir ganz normal. Wie dem auch sei: Es lässt sich nicht bestreiten, dass unsere Beziehung zu Hunden ein kleines Wunder ist, wenn man betrachtet, wie nahe unser beider Leben sich gekommen sind.

Unsere besondere Beziehung zu Hunden beruht zum Teil auf unserer gemeinsamen Liebe zum Spiel. Für die meisten anderen Tiere ist es ungewöhnlich, im erwachsenen Alter noch regelmäßig zu spielen. Es gibt natürlich Ausnahmen wie zum Beispiel den Flussotter und Wolf, aber sie fallen uns eigentlich nur deshalb auf, weil wir so selten ausgewachsene Tiere spielen sehen. Wie viele ausgewachsene Kühe haben Sie schon zusammen fröhlich auf Weiden herumtollen gesehen? Menschen und Hunde sind Ausnahmen – vielleicht deshalb, weil wir, wie die Biologen sagen, *neoten* sind, das heißt, dass wir Eigenschaften aus unserer Jugend als Erwachsene beibehalten.[1] Eine dieser Eigenschaften ist die Verspieltheit, die Hunde und Menschen in großem Maß besitzen – Sie und Ihr Hund sind also im Grunde die Peter Pans der heutigen Zeit. Spielen ist ein Teil unseres biologischen Bündnisses und für viele von uns ein Teil unserer täglichen Verbindung mit unseren Hunden.

---

[1] In der Wissenschaft ist man sich nicht ganz darüber einig, ob Hunde wirklich als neoten zu bezeichnen sind oder ob ihre kindlichen Merkmale nicht vielleicht Ausdruck eines anderen Phänomens sind. Aber diese Debatte geht weit über den Rahmen dieses Büchleins hinaus!

Auf das Einfachste reduziert bedeutet Spielen Spaß – und nichts steigert in uns stärker den Wunsch, mit jemandem mehr Zeit zu verbringen, als zusammen mit ihm Spaß zu haben.

Vielleicht ist dies ein guter Moment für die Frage, was Spielen denn überhaupt ist. Websters Lexikon definiert Spielen als »sich selbst mit etwas Amüsantem, Sport oder anderem Entspannendem zu beschäftigen: Kinder z. B. spielen mit Spielzeug.« Das ist eine weit gefasste Definition, die viele verschiedene Aktivitäten von Pokerspielen über Stabhochsprung bis zu Grimassenschneiden vor dem Spiegel zulässt. Wir möchten Sie dazu anregen, »Spielen« ebenfalls weiträumig zu definieren. Es gibt viele Möglichkeiten, wie Sie selbst und Ihr Hund sich amüsieren können: Was auch immer Ihnen und Ihrem Hund Spaß macht und Ihnen das Gefühl von Zufriedenheit und Ausgeglichenheit verschafft. Ruf- und Fangspiele sind wunderbare Wege, den Körper Ihres Hundes trainiert zu halten und das Lernen neuer Tricks ist eine Aufgabe für den Verstand Ihres Hundes. Die Balance zwischen mentalen und körperlichen Aufgaben schafft glückliche, gut erzogene Hunde, weshalb dieses Buch viele Tipps dazu enthält, wie Sie Ihren Hund dazu anregen können, seinen Verstand zu nutzen. Spiele sind auch tolle Hilfsmittel in der Erziehung und können genutzt werden, um selbst den überschwänglichsten und stürmischsten Hunden Manieren beizubringen. Manchmal lernt es sich eben am besten, wenn es sich gar nicht nach »Unterricht« anfühlt.

Man könnte meinen, dass unsere beiderseitige Liebe zum Spiel uns automatisch wissen ließe, wie man natürlicherweise zusammen spielt, aber leider passieren zwischen Menschen und Hunden gelegentlich Missverständnisse in der Kommunikation, wenn sie miteinander zu spielen versuchen. Was wir als Spielsignale betrachten versteht mancher Hund vielleicht als Korrektur. Oder Sie versuchen Ihrem Hund ein Spiel beizubringen, während er Ihnen gerade ein anderes beizubringen versucht – Hunde bringen uns immer wieder mit großer Meisterschaft dazu, ihnen nachzujagen anstatt uns den Ball von ihnen bringen zu lassen! Manchmal lernen Hunde beim Spielen auch Dinge, die in anderen Situationen Probleme machen können – das Nachbarskind kneifen oder Tante Nellie anrempeln zum Beispiel. Als Tierverhaltenstherapeutinnen haben wir oft gesehen, wie genau das netten Menschen mit netten Hunden passiert ist und diese letzten Endes deshalb in Schwierigkeiten gerieten. Das ist nicht weiter überraschend: Was die Kraft hat, Gutes zu bewirken, hat in der Regel auch die Kraft, Schaden zu verursachen. Es gibt keinen Grund dafür, dass Spielen eine Ausnahme von dieser Regel sein sollte.

Zum Teil macht Spielen deshalb Spaß, weil es aufregend sein kann, aber Aufregung kann auch aus der emotionalen Kontrolle geraten und dann wiederum zu Aggression werden. Und das ist natürlich das Letzte, was Sie beim Spielen mit Ihrem besten Freund haben wollen. Weil wir möchten, dass das Spiel ein positiver Faktor in der Beziehung zu unserem Hund ist, erklärt dieses kleine Buch Ihnen, wie Sie konstruktive Spiele mit Ihrem Hund spielen und wie Sie dabei Schwierigkeiten vermeiden.

Jeder Hund ist anders

Wie bei der Schönheit liegt auch beim Spielen der Spaß im Auge des Betrachters. Wir sprechen in diesem Buch viele Arten des Spielens an, von denen nur einige für Sie und Ihren Hund interessant sein werden – jeder Hund ist anders und jeder ist gern auf andere Weise mit seinem Besitzer zusammen. Man kann zwar aufgrund der Rasse Prognosen über die beliebteste Art des Spiels stellen, aber es kann auch durchaus sein, dass Sie einen Retriever haben, der nicht apportieren möchte oder einen Terrier, der nicht an Zerrspielen interessiert ist. Manche Hunde wollen scheinbar auch überhaupt nicht spielen und ziehen die Rolle des edlen Stubenhockers der des Klassenclowns vor. Das ist auch in Ordnung, eher geistig veranlagte Typen bevorzugen oft mentale Aufgaben und überlassen den Sport gerne anderen.

Bevor Sie weiterlesen, denken Sie bitte einen Moment über die Art des Spielens mit Ihrem Hund nach: Wie viel Spaß haben Sie dabei, und gibt es vielleicht noch andere Arten des Spielens, die Sie in Ihr Repertoire aufnehmen könnten? Vielleicht spielt Ihr Aussie gerne Ball, würde aber vielleicht auch mentale Aufgaben als Spielart begrüßen. (Nur weil Sie gerne Tennis und Golf spielen heißt das nicht, dass Sie keine Kreuzworträtsel oder Sudokus mögen.) Genau wie Kinder wissen viele Hunde nicht, was ihnen Spaß macht, bevor sie es nicht versucht haben. Wir hoffen, Sie zum Ausprobieren einiger neuer Dinge mit Ihrem Hund zu inspirieren. Wer weiß? Vielleicht stellt sich heraus, dass manche davon zu Ihrem neuen Lieblingsspiel werden.

Denken Sie doch auch einmal darüber nach, mit wem Ihr Hund spielen möchte und wann und wo er am liebsten spielt. Vielleicht haben Sie einen älteren Hund, der morgens ein bisschen länger zum Wachwerden braucht – vielleicht ist er ein Kandidat für Spiele, bei denen man sich erst später am Tag bewegen muss. Vielleicht ist Ihnen aufgefallen, dass es Ihren Hund immer zu Ihrem jugendlichen Sohn hinzieht, wenn er Spaß haben möchte. Wenn das der Fall ist: Was genau tut Ihr Sohn, das das Spielen mit ihm so einnehmend macht? Genau jetzt ist eine gute

Gelegenheit, sich bequem zurücklehnen und ein paar Minuten über das »Spielleben« Ihres Hundes nachzudenken. Wenn Sie das Thema wirklich gründlich erforschen wollen, schreiben Sie auf, wann und wo Sie mit Ihrem Hund spielen. Wenn man sich über Dinge klar werden möchte, gibt es nichts Besseres, als sie aufzuschreiben – und außerdem ist es immer gut, seinen eigenen Ausgangspunkt zu kennen.

Egal wie oder wie viel Ihr Hund spielt: Dieses Buch soll Sie dazu inspirieren, mehr Spiel in Ihren Alltag zu integrieren. Als Verhaltenstherapeutinnen staunen wir immer wieder darüber, wie viel Gutes das bewirken kann. Spielen kann Ihre Beziehung zu Ihrem Hund fördern, den Gehorsam Ihres Hundes verbessern und ebenso Verhaltensprobleme vermeiden und/oder verbessern. Wir möchten Ihnen dabei helfen, mit Spielen mehr Spaß in Ihr Leben bringen zu können, einen glücklicheren und sich besser verhaltenden Hund zu bekommen und dass Sie beide sich einander näher als je zuvor fühlen.

Spielend Freunde werden ist kein erschöpfendes Werk, das jede nur erdenkliche Möglichkeit des Spielens mit dem Hund aufzählt. Es soll Sie vielmehr dazu inspirieren, mehr und unterschiedliche Spiele in Ihr alltägliches Leben einzuflechten, die Vorteile des Spielens zur Bestärkung guten Benehmens zu nutzen und Sie vor solchen Arten des Spiels zu schützen, die Sie irrtümlicherweise in Schwierigkeiten bringen könnten. Vor allem aber haben wir aus einem Grund versucht, das Buch kurz und knackig zu halten – damit Sie es schneller niederlegen und mit dem Spielen beginnen können!

Spielend die Beziehung zum Hund verbessern

Mit Ihrem Hund zu spielen bereichert Ihre Beziehung zu ihm. Schlicht und einfach. Viele wissenschaftliche Studien zu sozialen Interaktionen betonen die Wichtigkeit des Spielens für eine gute Beziehung, und das trifft für die Angehörigen vieler Spezies zu. Durch die Bank haben diejenigen Eltern die beste Beziehung zu ihren Kindern, die am meisten mit ihnen spielen.[2]

Das ist für die meisten von uns, die wir Hunde als Familienmitglieder betrachten, nicht weiter überraschend, aber dennoch befriedigend. (Und es gibt Ihnen einen guten Grund, Ihren Hausputz zu unterbrechen und stattdessen mit Ihrem Hund zu spielen – merken Sie, wie viel Spaß Wissenschaft macht?) Außerdem beweist es, dass wir das Thema Spielen ernst nehmen sollten, ganz besonders als eine Möglichkeit, diese geradezu magisch enge Verbindung zu schaffen, die die meisten von uns gerne zu ihren Hunden haben möchten – zu den Tieren, die unser Leben, unsere Häuser und unsere Herzen teilen.

Überraschend ist, dass die Art des Spiels, auf die wir uns mit unseren Hunden einlassen, in der Welt des Tierverhaltens relativ selten vorkommt. Wie schon erwähnt, ist die Tatsache, dass Hunde und Menschen im erwachsenen Alter verspielt bleiben, eher unüblich und ein bezeichnender Teil der besonderen Beziehung, die wir teilen. In gewissem Maße ist Spielen nicht nur etwas, das unsere Beziehung verbessert, sondern es ist etwas, das diese Beziehung überhaupt erst entstehen lässt. Und deshalb ist es so machtvoll.

Aufzuschlüsseln, wie Spielen die Beziehung beeinflusst und wie Beziehungen umgekehrt das Spielen beeinflussen, hat Sozialwissenschaftler jahrzehntelang beschäftigt. Und es gibt Gott weiß immer noch viel zu lernen. Was wir wissen, ist, dass die meisten Menschen mit denjenigen spielen, mit denen sie sich nah verbunden fühlen und bei denen sie sich wohlfühlen. Es gibt keinen Grund für die Annahme, dass dies nicht auch dann zutreffen sollte, wenn andere Spezies ins Spiel kommen. Tatsächlich haben jüngste Untersuchungen ergeben, dass dies auch auf Hunde zutrifft. Eine Studie von Topál und anderen hat ergeben, dass Hunde lieber dann mit Fremden spielen, wenn auch der Besitzer da ist als in seiner Abwesenheit.

---

[2] Literatur zu diesem Thema finden Sie im Anhang.

Normalerweise beginnen Hunde nicht zu spielen, wenn um sie herum Menschen sind, die sie nervös machen. (Wenn man darüber nachdenkt, ist uns in der Gegenwart fremder Hunde, die uns nervös machen, ja auch nicht zum Spielen zumute.) Wie auch immer: Spielen ist wunderbar und kann bewirken, dass das Wohlbefinden aller Beteiligten zunimmt, wenn zum Beispiel ein schüchterner Hund mit einem Unbekannten Tauziehen spielt oder ein kleiner, zurückhaltender Junge einen Ball für einen großen Hund wirft.

Nach einer Studie von Rooney und Bradshaw können Spieleinheiten auch das Training effektiver machen. Sie haben herausgefunden, dass Hunde bessere Ergebnisse in »folgsamer Achtsamkeit« erzielen, wenn davor eine Spieleinheit stattgefunden hat. Das ist für viele Trainer und Besitzer keine Überraschung, sondern bestätigt einfach nur, was die meisten von uns schon wussten: Training ist sofort viel leichter und effektiver, wenn wir vorher mit unseren Hunden gespielt haben. Ob es die Bewegung ist, die das bewirkt, der Spaß oder irgendein anderer Aspekt des Spielens ist schwer zu sagen, aber auf jeden Fall verschafft Spielen uns die Aufmerksamkeit des Hundes. Diese besondere Achtsamkeit besteht über die Dauer der Spieleinheit hinaus. Egal, was der Grund dafür ist – es ist definitiv gut für unsere Beziehung.

Auch wenn es wenige Untersuchungen zu den Auswirkungen der unterschiedlichen Spielarten auf das Verhalten gibt, so besagt doch eine Studie von Rooney und Bradshaw, dass Spiele mit viel Körperkontakt sich auf die Bindung auswirken können und dass außerdem ein Zusammenhang zwischen dieser Art von Spiel und dem Verhalten in Trennungssituationen besteht. Die Wissenschaftler ließen Besitzer mit ihren Hunden spielen und dann den Raum verlassen, woraufhin sie die Art des Spielens mit dem Verhalten des Hundes nach dem Weggehen des Besitzers verglichen. Sie fanden heraus, dass körperlicher Kontakt bei einer Spieleinheit zu weniger ängstlichem Verhalten führte, wenn der Besitzer ging. (Beispiele für solches Verhalten sind etwa, dass der Hund an der Tür steht, durch die der Besitzer den Raum verließ oder in der Abwesenheit seines Besitzers bellt.) Da in dieser Studie nur diese direkten Zusammenhänge untersucht wurden, wissen wir nicht, ob bestimmte Spiele die Bindung der Hunde an uns direkt beeinflussen. Auf jeden Fall ist es aber beachtenswert, dass körperlicher Kontakt während des Spielens einen großen Einfluss hat. An dieser Stelle haben wir allerdings einen Einwand. Obwohl es Vorteile zu haben scheint, körperlich mit dem Hund zu spielen, warnen wir Sie vor Ringkampf-ähnlichen Spielen (siehe dazu »Wie Sie nicht mit Ihren Hund spielen sollten« auf Seite 73), denn diese können zu einer Menge Schwierigkeiten führen. Besser beraten sind Sie, wenn Sie andere, behutsamere Spielarten bevorzugen.

Wie Sie Ihrem Hund sagen, dass Sie mit ihm spielen möchten

Dass wir beide Spiel gleichermaßen lieben, bedeutet nicht immer, dass wir auch wissen, wie man gut und schön zusammen spielt. Immerhin sind wir zwei unterschiedliche Spezies, und da ist es nicht überraschend, dass es gelegentlich zu Missverständnissen kommt. Manchmal bestehen sie nur darin, dass der Hund den Ball nicht zurückbringt, aber es können auch gefährliche oder erschreckende Situationen entstehen. Es ist durchaus realistisch, sich um mögliche Missverständnisse Gedanken zu machen, denn soziales Spielen besteht in erster Linie aus Aktionen, die dem Kampf-, Jagd- oder Balzverhalten entlehnt sind. Verhaltensmuster aus dem Bereich des Beutemachens wie Jagen, Beißen und Schütteln sind besonders problematisch, denn all diese Handlungen sind hoch erregend und potenziell gefährlich, wenn die Dinge außer Kontrolle geraten.

Hunde haben aus diesem Grund eigene, stereotype Spielsignale entwickelt, die man grob als »Ich mach ehrlich nur Spaß!« übersetzen könnte. Im Spiel tun Hunde Dinge, die man in anderem Zusammenhang als feindlich bewerten würde, weshalb es wichtig ist, dass die hündischen Spielgefährten das Verhalten als freundlich anstatt als aggressiv verstehen.

Menschen sind da gar nicht anders – stellen Sie sich nur einmal vor, dass das, was auf einem Fußballfeld vor sich geht, plötzlich auf einem Supermarktplatz zwischen Fremden passieren würde. Der Zweck von Spielsignalen besteht also darin, sicherzustellen, dass alle Beteiligten verstehen: Was hier gerade passiert, ist spielerisch und nicht bedrohlich.

Weil Hunde darauf angewiesen sind und erwarten, dass ihre Spielpartner klar mit ihnen kommunizieren, ist es sinnvoll, einmal über die von ihnen verwendeten Signale nachzudenken und sie in unser eigenes Repertoire zu übernehmen. Das klassische Spielsignal ist die sogenannte Spielverbeugung, die man häufig sieht, wenn freundliche, ausgeglichene Hunde zusammenkommen. Ein Hund wirft sich dazu so auf die Vorhand, dass er auf seinen Ellenbogen liegt, während die Hinterhand fast auf normaler Höhe bleibt. Möglicherweise zeigt ein anderer Hund ebenfalls diese Pose, bevor beide zusammen in einem gemeinsamen Jagdspiel losrennen. Juhu, welch ein Spaß! Das Spiel ist eröffnet!

Spielverbeugungen werden genutzt, um ein Spiel zu beginnen und in Gang zu halten. Viele Hunde wedeln mit dem Schwanz und manche bellen auch, wenn sie eine

Spielverbeugung machen, aber die Grundform ist immer die Gleiche: Die Vorhand ist unten und die Hinterhand ist höher. Das Senken des Kopfes könnte vielleicht den Sinn haben, den spielwilligen Hund weniger bedrohlich erscheinen zu lassen, als es sonst der Fall wäre. Die Tatsache, dass Spielverbeugungen so konstant in ihrer Form sind, zeigt vielleicht, wie wichtig es ist, dass ein Spielsignal wirklich eindeutig ist.

Es gibt zwar keine bestimmte Untersuchung hierzu, aber wahrscheinlich ist auch, dass die Spielverbeugung dazu dient, im lebhaften sozialen Spiel Pausenmomente zu schaffen. In einem angemessenen Spiel machen Hunde öfter für einen kurzen Moment Pause und spielen anschließend weiter – Jagen, Ringen und spielerisches Beißen wechseln sich mit Spielverbeugungen und Stillstehen ab. Diese Pausen sorgen für Unterbrechungen in der Art von hoch anstrengendem, hoch erregendem Spiel, das ansonsten »überdrehen« und damit zu Problemen führen kann. Diese Pausen sind so wichtig, dass wir an ihnen bestimmen können, ob unsere Hunde angemessen spielen oder nicht. Hunde, die genügend Selbstkontrolle haben, das Spielen zu unterbrechen, sind höchstwahrscheinlich auch die, die übermäßige Aufregung, Verlust der Impulskontrolle und unangemessene Reaktionen auf das Verhalten ihrer Spielpartner vermeiden.

Die Wichtigkeit der Pausen und Unterbrechungen ist der Grund dafür, dass es so schwierig ist, mit einem Hund eine Art »An-Aus«-Spiel zu spielen. Den Bedarf nach einer Pause zu ignorieren und den Gefühlen damit keine Chance zu geben, sich wieder abzukühlen, ist ein häufiges Problem im Spiel zwischen Menschen und Hunden (und insbesondere zwischen Kindern und Hunden). Nicht, dass Sie auch Spielverbeugungen machen müssten, aber es ist unbedingt wichtig, zwischen lebhaftem Spiel und kleineren Pausen abzuwechseln, um die Gefühle im Zaum zu halten. Ein gutes Beispiel dafür, wie man das machen kann, ist im Abschnitt über Zerrspiele beschrieben. Sie bringen Ihrem Hund dort bei, wild zu spielen und dann eine Pause zu machen und lehren ihn damit einen Weg, seine Emotionen zu kontrollieren.

Obwohl es noch viel zu lernen gibt existieren bisher nur wenige Untersuchungen dazu, wie Hunde unsere Versuche von Signalen zur Spielaufforderung auffassen. Es gibt eine Studie von Rooney, Bradshaw und Robinson, in der die Reaktionen von Hunden auf menschliche Spielsignale untersucht wurden. Die Wissenschaftler fanden heraus, dass Menschen zwar ihrem Hund die Absicht zu spielen mitteilen können, aber die am häufigsten von den Menschen genutzten Spielaufforderungen nicht unbedingt die erfolgreichsten sind. So klopfen Menschen zum Beispiel häufig auf den Boden oder flüstern, wenn sie ihre Hunde zum Spielen auffordern möchten, aber oft reagieren Hunde nicht spielerisch auf diese Signale.[3] Zwei andere menschliche Signale dagegen, das Los- oder Wegrennen vom Hund oder auch Klopfen auf die eigene Brust, sind sehr effektive Möglichkeiten, um ein Spiel mit dem Hund zu beginnen. Leider nutzen Menschen sie aber nicht allzu häufig.

Als die am *wenigsten* wirksamen menschlichen Spielsignale fand die Studie heraus: Den Hund küssen, ihn hochheben und ihn anbellen – keins dieser Signale führte je zu einem Spiel. Aufstampfen mit dem Fuß und den Hund am Schwanz zu ziehen (seufz) hatten nur sehr geringe spielerische Reaktionen des Hundes zur Folge. Die menschlichen Signale, die am häufigsten ein Spiel auslösten, waren überraschende Vorwärtsbewegungen (die Person macht eine schnelle Bewegung auf den Hund zu, etwas, das dem im Spiel zwischen Hunden als »Start-Stop« beschriebenen Verhalten ähnelt), vertikale Verbeugungen (die Person beugt den Rücken in der Hüfte, bis der Oberkörper in der Horizontalen ist – die menschliche Version der Spielverbeugung), »echte« oder volle Spielverbeugungen, den Hund jagen oder vor ihm weglaufen und nach seinen Pfoten greifen. (Letzteres empfehlen wir nicht!) Die Studie fand auch heraus, dass Spielsignale mehr Erfolg versprachen, wenn sie von akustischen Signalen begleitet wurden.

Eine der bekanntesten und effektivsten Methoden, ein Spiel mit seinem Hund zu beginnen, ist natürlich, ein Spielzeug aufzuheben (was in der erwähnten Studie nicht vorkam). Egal, ob Sie es dann werfen, vor Ihren Hund halten, damit er danach greifen kann oder »Willst du spielen?« sagen – sobald Sie ein Spielzeug in der Hand haben, wissen die meisten Hunde, dass nun Spielzeit ist.

Spielgesichter sind ein weiteres Signal, das zwischen zwei Spezies einfach übersetzt werden kann. Spielgesichter beinhalten normalerweise einen gerundeten, offenen Mund, offene Augen, entspannte Gesichtsmuskulatur und Ohren sowie hochgezogene Augenbrauen. Damit Sie auf Ihren Hund verspielter wirken, können Sie das hündische Spielgesicht nachahmen, indem Sie mit offenem Mund grinsen, die Augen öffnen und die Gesichtsmuskulatur entspannen. Wir sind uns nicht ganz sicher, was wir Ihnen zum Entspannen der Ohren raten sollen – wenn Sie herausgefunden haben, wie das geht, sagen Sie uns bitte Bescheid!

---

[3] Zu Ihrer Information: Auf den Boden klopfen ist eine tolle Methode, dem Hund das Hinlegen auf Signal leichter beizubringen – kein Wunder, dass es nicht als Spielsignal funktioniert!

Spielsignale zwischen unseren beiden Spezies können manchmal effektiv sein, aber in anderen Fällen auch einfach nur verwirrend. So springen zum Beispiel viele Hunde an Menschen hoch und werden als Reaktion mit den Händen weggeschoben. In der Hundewelt bedeutet Schieben oder »Boxen« mit den Pfoten ein spielerisches Verhalten, das oft zu weiterem Spielen führt.

In diesem Fall denkt der Hund, der Mensch wolle spielen und reagiert mit noch mehr Hüpfern und Sprüngen. Der Mensch reagiert daraufhin mit noch mehr und aus dem Ärger heraus noch energischerem Schieben, was der Hund als Aufforderung zu wilderem Spielen versteht. Das kann so weiter gehen, bis der Mensch verärgert seinen Hund anschreit oder aufsteht und weggeht. Der arme Hund dachte, ihm stünde eine schöne Spielstunde mit seinem Besitzer bevor und ist nun völlig perplex. Sie sehen also, warum ein gründliches Wissen über die Spielsignale unserer Hunde helfen kann, solche Missverständnisse zu vermeiden.

Und jetzt – lasst die Spiele beginnen!

Spiele für Ihren Hund und Sie

Der folgende Abschnitt konzentriert sich auf fröhliche und konstruktive Möglichkeiten zum Spielen mit dem Hund, die auf dem natürlichen Verhalten beider Spezies beruhen. Betrachten Sie dieses Kapitel als Grundlagen-Anleitung für glückliches und sinnvolles Spielen zwischen Ihnen beiden.

Das Fang-mich-Spiel

Hunde haben von Natur aus eine große Vorliebe für das Hinterherjagen. Man bezeichnet sie deshalb als Hetzräuber, denn sie haben sich aus Tieren entwickelt, deren Leben davon abhing, möglichst gut hinter der Beute her rennen zu können. Die meisten Hunde betrachten ein gutes Nachjagen immer noch als das coolste Spiel der Welt, wie man sehr gut sehen kann, wenn zwei Hunde miteinander spielen. Ein großer Teil des Spiels zwischen zwei Hunden besteht aus Rennen, wobei der eine Hund »Fang mich doch!« sagt und der andere genau das aus Leibeskräften zu tun versucht. Schauen Sie einmal in die Gesichter dieser spielenden Hunde – sie werden kaum irgendwo einen glücklicheren Ausdruck sehen als den eines Hundes, der sich mit Leib und Seele einem Jagdspiel hingibt. Warum aber sollten wir den ganzen Spaß den Hunden allein überlassen? Wenn Sie Ihrem Hund zeigen, dass auch Sie das Fang-mich-Spiel spielen können, ist das ein wunderbarer Weg zur Verbesserung Ihrer Beziehung. Wenn Hunde über ihre Besitzer sprechen könnten, so vermuten wir, würden sie wahrscheinlich darüber jammern, wie unglaublich und ermüdend langsam wir sind. »Warum rennen sie bloß nie? Sie sind ja so *furchtbar langsam!*« (Erinnern Sie sich, dass Sie als Kind das Gleiche über Ihre Eltern gesagt haben?) Vor unserem inneren Auge malen wir uns aus, wie Hunde überall in Freude ausbrechen, wenn ihre Besitzer endlich »richtig« zu spielen beginnen und sich wie richtige Spielkameraden am »Fang mich doch« beteiligen. Endlich haben die Menschen herausgefunden, wie man Spaß haben kann!

Sie können »Fang mich doch« überall spielen. Sie brauchen dazu weder ein Spielzeug noch Leckerli in der Tasche (was allerdings auch nie schaden kann), noch müssen Sie ein großartiger Läufer sein, um es zu mögen.[4] Wenn Ihre Diele groß genug ist oder Sie einen großen Raum haben, können Sie es sogar drinnen spielen.

---

[4] Gott sei Dank ist das so! Karen joggt jeden Tag mehrere Meilen, während Patricia zwar gerne wandert, ihr Körper aber Laufen über eine Entfernung von mehr als fünfzig Metern als groben Missbrauch empfindet.

Alles, was Sie tun müssen, ist, in die Hände zu klatschen oder mit der Zunge zu schnalzen, um die Aufmerksamkeit Ihres Hundes zu bekommen und dann loszulaufen, sobald er Sie ansieht. Wir selbst klatschen auch beim Laufen gerne noch in die Hände. Kichern ist optional, sorgt aber auf jeden Fall für mehr Spaß. Natürlich ist der beste Ort zum Fangenspielen mit dem Hund draußen, in einer Umgebung, in der sich der Hund gefahrlos unangeleint bewegen kann. Das gibt Ihnen den Freiraum, zehn Meter in eine Richtung zu rennen und dann in die andere loszusprinten, bevor der Hund Sie einholt.

Obwohl die Grundlagen ziemlich einfach sind, gibt es doch einige Dinge zu beachten, um das Spiel sicher und effektiv zu gestalten. Lesen Sie deshalb den nächsten Abschnitt genau, bevor Sie »Nachjagen« in Ihr Spielrepertoire aufnehmen.

Nur in eine Richtung. Vor allem ist wichtig, dass Ihr Jagdspiel immer nur in eine Richtung läuft – Sie laufen vor dem Hund weg. Im Gegensatz zu miteinander spielenden Hunden sollten Sie nicht die Rollen des Jägers und des Gejagten untereinander tauschen. Wir wissen, dass manche Menschen Spaß daran haben, ihren Hunden nachzujagen und wir sind auch nicht gerne Spielverderber, aber die Sache ist nun einmal die: Wenn Sie hinter Ihrem Hund her rennen, konditionieren Sie ihn dazu, vor Ihnen wegzulaufen, sobald Sie auf ihn zukommen. Hunde reagieren auf jede winzige Bewegung, und wenn Sie Ihren Hund jagen, wird er lernen, dass auf Ihren ersten Schritt in seine Richtung viele weitere Schritte folgen werden. Irgendwann wird er eine lustige Jagd beginnen, sobald Sie sich in seine Richtung vorbeugen und von Ihnen wegsprinten. Das wird auch dann passieren, wenn Sie sich nur zum Anleinen über ihn beugen, also seien Sie vorgewarnt.

Das Gute daran ist allerdings, dass Sie die großartigen Beobachtungsfähigkeiten Ihres Hundes zu Ihrem Vorteil nutzen können. Nachdem Sie sich ein paar Wochen von ihm jagen gelassen haben, wird es reichen, dass Sie einfach Ihren Körper so drehen, als ob Sie wegrennen wollten, und Ihr Hund wird zu Ihnen gelaufen kommen. Wenn Sie dann noch kurz vor der Drehung »Rocky, komm!« sagen, können Sie damit das Ansprechverhalten Ihres Hundes deutlich verbessern.

Wissen, wann es genug ist. Bestimmt möchten Sie nicht, dass aus dem Jagdspiel ein »Ich kneife meinen Besitzer ins Bein«-Spiel wird. Hunde mögen zwar auf das Hinterherjagen vorprogrammiert sein, aber manche neigen außerdem noch dazu, ihr Jagdobjekt mit den Zähnen festzuhalten, wenn sie es eingeholt haben. Manche Hunde sind stärker »maulig« veranlagt als andere, aber Sie sollten immer stehen bleiben, bevor Ihr Hund Sie ganz erreicht hat. Wenn er noch anderthalb bis zwei

Meter von Ihnen entfernt ist, drehen Sie sich zu ihm um und bestärken ihn mit einem Leckerchen, Spielzeug oder einem neuen Jagdspiel. Wann genau Sie zu rennen aufhören, hängt von Ihrem Hund ab. Bei manchen wird es früher nötig sein als bei anderen.

Ihr Ziel ist, den Hund dazu zu animieren, hinter Ihnen herzulaufen, ohne ihm Anlass zum Einsatz seiner Zähne zu geben. Besonders wichtig ist das für Kinder, weil sie noch nicht in der Lage sind, ihre eigene Aufregung im Zaum zu halten und deshalb bei Nachlaufspielen mit Hunden verletzt werden können. Wir weisen deshalb strengstens darauf hin, dass nur Erwachsene und Kinder ab etwa dem zwölften oder vierzehnten Lebensjahr mit dem Hund Nachlaufen spielen sollten.

Vielleicht sollten wir auch noch erwähnen, dass nicht alle Hunde die Kapitel über Hundeverhalten gelesen haben und manche sich dessen nicht bewusst sind, dass sie das Nachjagen mögen sollten. Manche Hunde rennen halt schlicht und einfach nicht gerne. Man kann zwar allgemeine Aussagen treffen – Hütehunde rennen lieber als Schoßhunde und junge Hunde rennen lieber als alte Hunde – aber jeder Hund ist ein Individuum. Wenn Sie sich nicht sicher sind, wie gern Ihr Hund wirklich läuft, gehen Sie einfach nach draußen in einen sicher eingezäunten Bereich und lassen Sie Ihren Hund von der Leine. Nachdem er ein paar Minuten Zeit zum Herumschnüffeln hatte, klatschen Sie in die Hände und rennen von ihm weg, während er Sie anschaut. Wenn das auch nach mehreren Versuchen bei geringer Ablenkung durch andere Dinge nur zu der Reaktion führt, dass Ihr Hund stehen bleibt und Sie anschaut, ist das Fang mich-Spiel vermutlich für Sie beide kein besonders toller Spaß. Dennoch rennen die meisten Hunde, von gelegentlichen Ausnahmen abgesehen, gerne. Und es ist etwas, dass wir alle ohne irgendeine Form von Trainings- oder Erziehungsarbeit sofort tun können. Wie man rennt, wissen Sie schon, und Sie haben alles, was Sie brauchen – denken Sie einfach nur daran, dass immer Sie vor dem Hund weglaufen und dass Sie stehen bleiben, bevor er sie erreicht.

Besonders gut funktioniert es, Nachlaufspiele mit Gehorsamsübungen oder anderen Spielen zu kombinieren. (Auf S. 56 können Sie zum Beispiel lesen, wie man das Nachlaufspiel dazu nutzen kann, das Kommen auf Zuruf zu trainieren.) Sie müssen gar nicht weit laufen, vielleicht zehn Meter in eine Richtung, dann fünf in die andere und dann wieder acht zurück dahin, wo Sie hergekommen sind. Es ist erstaunlich, wie wenig hier ausreicht, um den Hund zum Mitmachen zu bringen. Rennen macht Hunden so viel Spaß, dass man sofort ihre ungeteilte Aufmerksamkeit hat, wenn man damit beginnt. Sie können das Fang-mich-Spiel sogar noch interessanter machen, indem Sie Ihrem Hund jedes Mal, wenn er Sie eingeholt hat, ein

Leckerli geben. (Verlangen Sie dabei aber nicht jedes Mal »Sitz«, sonst ist die Belohnung für das Hinsetzen und nicht dafür, dass er zu Ihnen gelaufen ist.) Oder Sie werfen ein Spielzeug hinter sich. Werfen Sie es aber nicht in die Richtung, aus der der Hund kommt, sonst bringen Sie ihm bei, schon erwartungsvoll zu früh zu stoppen. Werfen Sie es besser durch Ihre Beine (na gut, vielleicht nicht gerade, wenn Sie eine Deutsche Dogge haben) oder hinter sich oder schwenken Sie es vor Ihrem Hund herum und rennen dann wieder weg.

Ball spielen

Spielzeuge machen einen großen Teil unserer Beziehung zu Hunden aus – unsere gemeinsame Faszination an allem, was springt, quietscht und hüpft macht uns zu ganz natürlichen Spielpartnern.

Spielen mit Spielsachen, egal ob mit zwei- oder vierbeinigen Freunden, ist für uns so alltäglich, dass es nicht erwähnenswert zu sein scheint, tatsächlich aber ist das sogenannte »Objektspiel« in der Welt erwachsener Säugetiere selten. Betrachtet man gemeinsam spielende Menschen und Hunde, würde man davon allerdings nichts merken, da wir uns beide gern auf Bälle, fliegende Scheiben und quietschende Plüschtiere fixieren. Und das beste interaktive Spiel mit Spielzeug – Werfen und Fangen – verschafft dem Hund viel Bewegung und macht Sie als Besitzer zur Attraktion schlechthin.

Trotz der Beliebtheit von Apportierspielen haben wir Menschen immer wieder Schwierigkeiten, sie so stattfinden zu lassen, dass sie uns zum Vorteil gereichen. Es sieht so aus, als ob es den Hunden lieber wäre, dass wir den Teil des Zurückbringens übernehmen sollen und sie sind wahre Meister darin, uns genau das beizubringen! Deshalb beschreibt der folgende Abschnitt im Detail, wie Sie sicherstellen, dass Ihr Hund derjenige ist, der rennt und apportiert. Falls er kein Interesse an Spielsachen hat und das für Sie in Ordnung ist – kein Problem. Blättern Sie einfach zum nächsten Kapitel weiter. Wenn Sie aber gerne Apportieren mit Ihrem Hund spielen möchten, dann lesen Sie hier, wie Sie es am besten anfangen. Füllen Sie ein Hohlspielzeug ein paar Wochen lang mit Futter und werfen es einen oder zwei Meter von Ihrem Hund weg. Lassen Sie ihn hinterherlaufen, sich aber auch in Ruhe mit dem Spielzeug hinlegen, falls es das ist, was er tun möchte. Ihr Ziel ist, dass er einem von Ihnen geworfenen Spielzeug nachläuft – machen Sie sich um den Teil des Zurückbringens vorerst noch keine Gedanken. Wiederholen Sie das einige Wochen lang mehrmals täglich und beginnen dann, das gleiche Spielzeug zu werfen, ohne dass es mit Futter gefüllt ist. Ermuntern Sie Ihren Hund zum Hinterherlaufen. Sobald Sie es bis zu diesem Punkt geschafft haben, können Sie mit der unten stehenden Anleitung fortfahren. Für uns anderen, deren Hunde geradezu versessen darauf sind, irgendetwas hinterherzujagen: Hier kommt die Möglichkeit, wie Sie mit Ihrem Hund spielen können, ohne einen bodenlosen Eimer an Bällen zu benötigen.

Dem Hund das Apportieren beibringen. (Anstatt umgekehrt!) Es sieht so aus, als würden Hunde eigentlich gern »Hab dich, du bist!« spielen und Sie dazu bringen wollen, ihnen kreuz und quer über den Hof nachzurennen. Sie wollen das Spielzeug gerne zwischen ihre Kiefer bekommen und Sie hinterherlaufen lassen, während sie eine hündische Version von so etwas wie »Na na ne na na na ! Ich habe einen Ba-hall!« singen. Wenn Sie lernen möchten, wie man ein toller Tiertrainer wird, dann brauchen Sie nur einem Hund zuzuschauen, wie er einem Mensch das umgekehrte Apportieren beibringt. Hunde sind Meister darin, uns zu trainieren und wir alle können an ihrem Beispiel lernen. Hier kommen einige Vorschläge, wie Sie versuchen können, den Spieß umzudrehen.

Nehmen wir an, Sie bringen Ihrer Hündin Lady bei, den Ball zu Ihnen zurückzubringen. Fangen Sie an, indem Sie einen Ball etwa einen halben Meter vor ihrem Gesicht hin- und her schwenken (nicht zu dicht, sonst bringen Sie den Hund zum Zurückweichen). Oft ist es die Bewegung, die die Hunde stärker anzieht als der Gegenstand selbst. Halten Sie deshalb die Konzentration des Hundes auf den Ball gerichtet, indem Sie ihn vor- und zurückbewegen oder ihn ein paar Mal hüpfen lassen, bevor Sie ihn nicht weiter als einen oder zwei Meter weit wegwerfen. Wenn Lady hinläuft und den Ball ins Maul nimmt, klatschen Sie sanft in die Hände und rennen in die andere Richtung los, womit Sie sie auffordern, zu Ihnen zu kommen. Warten Sie aber mit dem Klatschen, bis sie den Ball wirklich im Maul hat, und widerstehen Sie der Versuchung, ihren Namen oder »Hierher!« zu rufen – das bringt viele Hunde dazu, den Ball fallen zu lassen und gehorsam zu Ihnen getrabt zu kommen. (Lassen Sie sich nicht von dem hysterischen Gelächter der anderen Leser ablenken, deren Hunde als Reaktion auf das Rufen ihres Namens oder das Komm-Kommando den Ball aufheben und dann Hunderte von Metern weit wegrennen.)

Wenn Lady Ihnen einen Teil des Wegs mit dem Ball im Maul entgegenkommt, dann aber stehen bleibt und versucht, Sie zu einem Nachlaufspiel zu bringen, dann weichen Sie wieder zurück, klatschen noch etwas mehr und rennen von ihr weg, um sie zu sich zu locken. Dieses Spiel hat eine Regel, die nicht gebrochen werden kann: Lady bewegt sich auf *Sie* zu, niemals Sie sich auf Lady. Wenn Ihr Hund derjenige ist, der den Ball nimmt und wegrennt, dann rennen Sie auch – aber immer in die *entgegengesetzte* Richtung. Nur selten kann ein Hund einem Nachlaufspiel widerstehen, und die Entscheidung, wer Jäger und wer Gejagter ist, liegt ausschließlich bei Ihnen. Das ist nicht immer einfach – Sie müssen sich bewusst anstrengen, nicht nachzugeben und Ihrem Hund nicht nachzulaufen. Aber auf lange Sicht wird es sich auszahlen.

Wenn Lady den Ball zu Ihnen bringt und ihn irgendwo zu Ihren Füßen legt, heben sie ihn auf und werfen ihn sofort noch einmal. Die meisten von uns neigen dazu, den Ball aufzuheben, um ihn dann in unseren kleinen warmen Pfoten zu halten und »Sitz« von unserem Hund zu verlangen. Oder wir verbringen einige Sekunden damit, den Hund zu loben oder ihm über den Kopf zu streicheln, was er in diesem Moment eigentlich ganz und gar nicht möchte. Wir nennen das Apportieren oder Ball fangen spielen. Hunde nennen es Sachen sammeln. Sie wollen den Ball zurück, punktum. Also geben Sie ihm den Ball! Werfen Sie den Ball *sofort in dem Moment,* in dem Ihr Hund ihn fallen lässt. Das klingt einfach, aber nach jahrelanger Erfahrung können wir Ihnen sagen, dass Menschen dabei viel Unterstützung brauchen. Wenn Sie damit anfangen, Ihrem Hund das Apportieren beizubringen, konzentrieren Sie sich entweder darauf, den Ball so zu werfen, als ob er eine heiße Kartoffel wäre oder Sie bitten jemand, Ihnen zuzuschauen und genau in der Sekunde »Wirf ihn!« zu rufen, in der Sie Ihre Hände dran haben.

Die meisten jungen Hunde bringen den Ball nur wenige Male, lassen Sie sich also nicht entmutigen, wenn Lady den Ball zwei Mal bringt und dann aufhört. Das passiert besonders leicht draußen, wo es so viele Ablenkungen gibt. Wenn Lady den Ball zwei Mal bringt und ihn dann liegen lässt und ignoriert, ist das in Ordnung. Game Over, Spiel vorbei. Gehen Sie ruhig zum Ball, heben ihn auf und beenden die Spieleinheit. Falls Ihnen ein bestimmtes Muster auffällt (z. B. angenommen, Ihr Hund fängt den Ball immer fünf Mal hintereinander und hört dann auf), beenden Sie das Spiel beim nächsten Mal nach dem vierten Apportieren und lassen den Hund mit dem Wunsch nach Fortsetzung zurück.

Das häufigste Apportierproblem ist ein Hund, der den Ball zwar zurückbringt, ihn aber nicht wieder hergeben möchte. Er will zwar, dass Sie auch auf den Ball aus sind, oh ja, das will er, aber auf gar keinen Fall wird er ihn hergeben. Da müssen Sie ihn eben in dem Spiel schlagen, wer schwerer herumzukriegen ist. Sobald er irgendwo in Ihre Nähe kommt, verschränken Sie die Arme und wenden sich von ihm ab. Weigern Sie sich, den Hund anzusehen oder nach dem Ball zu greifen. Hunde, denen viel am Ballspielen liegt, werden weiter versuchen, vor Sie zu kommen und viele von ihnen werden irgendwann den Ball fallen lassen. Wenn das passiert, schnappen Sie sich den Ball und werfen ihn so schnell Sie können.

Wenn Ihr Hund den Ball nicht ablegen möchten, ganz gleich, wie lange Sie den oder die Unnahbare(n) gespielt haben, dann versuchen Sie einmal, einen zweiten Ball zu werfen, sobald er sich mit dem ersten genähert hat. Die meisten Hunde werden den Ball aus ihrem Maul fallen lassen, sobald ein zweiter geworfen wird. Ohne einen zweiten Ball kann es eine Weile dauern, einen Hund zum Fallenlassen des ersten Balls zu überreden, aber wenn Sie das einige Wochen oder Monate lang fortführen, werden Sie letztendlich einen Hund haben, der auch ohne einen »Ersatzball« zuverlässig apportiert. Sie können den Ball auch gegen ein Leckerli aus Ihrer Tasche tauschen. Sagen Sie »Gib's her«, kurz bevor Sie Ihrem Hund das Futter unter die Nase halten. Geben Sie ihm das Leckerchen, heben Sie den für das Leckerchen fallen gelassenen Ball auf und werfen Sie ihn noch einmal. (Lesen Sie den Abschnitt zu »Nimm's/Gib's her« Seite 63 dazu, wie man Hunden beibringt, etwas auf Signal hin loszulassen.)[5] Manche Hunde verlieren das Interesse am Ball, wenn sie merken, dass Sie Leckerlis haben, aber bei passionierten Apportierhunden funktioniert der Handel »Leckerli gegen Ball« gut. Es wird nicht lange dauern, bis Sie alle Leckerlis völlig weglassen können, weil das Nachjagen hinter dem Ball mehr als genug Bestärkung dafür ist, dass Ihr Hund Ihnen den Ball wiedergegeben hat.

Die Schlüssel zum Erfolg beim Apportierenlernen sind, sich vom Hund wegzubewegen, um ihn zum Herkommen zu animieren, zunächst alles zu bestärken, was irgendwie entfernt dem Apportieren ähnelt und alle Versuche des Hundes zu ignorieren, Ihnen das Spiel »Jag den Hund durch den Garten« beibringen zu wollen.

Das nächste Kapitel zeigt eine weitere gute Möglichkeit, wie Sie mit Hilfe von Spielzeug mit Ihrem Hund spielen können: Tauziehen oder Zerrspiele, die zweifellos das Lieblingsspiel vieler Hunde sind.

Zerrspiele

Zerrspiele können eine wunderbare Ergänzung Ihres Repertoires sein. Die meisten Hunde lieben Tauziehen und niemand muss ihnen beibringen, wie es geht. Schon junge Welpen spielen Zerrspiele, wenn sie gerade alt genug zum Laufen sind. Sie

---

[5] Wir ziehen den von Profitrainern häufig benutzten Begriff »Signal« dem antiquierten Wort »Kommando« vor. Es mag zwar trivial klingen, aber die Sprache spiegelt unsere Einstellung wider, und wir »kommandieren unsere Hunde nicht herum«, sondern informieren sie eher darüber, was sie tun sollen.

werden nicht viele Hunde finden, die Zerrspiele »ein bisschen mögen« – entweder sie haben daran kein Interesse, oder sie lieben es, was es für Letztere zu einer kraftvollen Bestärkung macht.

Die Vorteile von Zerrspielen. Zerrspiele haben viele Vorteile für Sie und Ihren Hund. Sie sind eine tolle Möglichkeit, Ihrem Hund Bewegung zu verschaffen (und Ihnen auch, denn selbst ein kleiner Hund kann Sie ganz schön aus der Puste bringen!) und mal so richtig Dampf abzulassen. Spaziergänge in der Nachbarschaft sind zwar toll, aber in normalem Schritttempo den Bürgersteig entlang zu spazieren reicht bei einem gesunden Hund gerade mal aus, um seinen Herzschlag leicht zu beschleunigen. Zerrspiele können einen sehr intensiven Ausgleichsport bieten, und das sogar in Ihrem Wohnzimmer. Wenn es draußen minus zwanzig Grad oder fünfunddreißig Grad plus und schwül ist, ist es sicher eine feine Sache, zum Spielen auch drinnen bleiben zu können.

Ein weiterer Vorteil der Zerrspiele ist, dass keiner von ihnen beiden dafür besonderes Training braucht. Wer muss schon üben »Gegenstand aufheben, den Hund ins Maul nehmen lassen. Ziehen. Fester ziehen«? Es kann zwar ein wenig Übung brauchen, damit leicht erregbare Hunde dabei nicht allzu sehr überdrehen, aber ganz gewiss sind Zerrspiele eins der natürlichsten und lohnendsten gemeinsamen Spiele zwischen Mensch und Hund. Einige Hunde gehen die Sache allerdings nicht so selbstverständlich an, wie man meinen sollte. Insbesondere unterwürfige Hunde können zögerlich darin sein, an einem Gegenstand zu ziehen, sobald Sie ihn aufgehoben haben. Der Trick ist, Ihrem Hund vorher mitzuteilen, dass Sie spielen möchten. Versuchen Sie es doch einmal mit einer modifizierten Spielverbeugung und wackeln Sie dann mit einem länglichen Spielzeug auf dem Boden herum, um die Aufmerksamkeit des Hundes zu bekommen. Lassen Sie das Ende des Spielzeugs vor Ihrem Hund herumzucken, als ob es eine tanzende Maus wäre und loben Sie ihn jedes Mal ruhig, wenn er sich ihm nähert. Sobald er es ins Maul nimmt, ziehen Sie anfangs nur leicht zurück und loben Sie weiter, wenn der Hund gegen Sie zurückzieht. Falls Ihr Hund extrem geräuschempfindlich ist, bleiben Sie still oder sagen nur ab und zu leise »Guter Junge!«, um ihn im Spiel zu halten.

Bedenken gegenüber Zerrspielen. Zerrspiele waren bei Hundetrainern nicht immer beliebt – über Jahre hinweg wurde uns empfohlen, keine Zerrspiele mit unseren Hunden zu spielen. (Selbst Patricia hat vor zwanzig Jahren davor gewarnt – seufz.) Wie so oft entwickeln sich Wissen und Glauben aber im Lauf der Zeit weiter, und heute gehört Tauziehen bei Profi-Hundetrainern zu den beliebtesten Methoden, Hunde mit Hilfe von Spiel zu bestärken.

Zu den früher geäußerten Befürchtungen gegenüber Zerrspielen gehörte unter anderem, dass man dem Hund damit angeblich beibringen würde, seine Zähne in Gegenwart von Menschen mit voller Kraft einzusetzen; dass der Hund einen »Siegereffekt« erleben würde, wenn er das Spielzeug für sich ergatterte und dass der Hund sich insgesamt zu sehr in Aufregung steigern würde. In letzter Zeit haben manche Autoren argumentiert, dass Zerrspiele in Ordnung seien, so lange der Hund nicht gewinnt und das Spielzeug am Ende nicht für sich bekommt. In diesem Fall bestand die Sorge darin, dass der Hund sich selbst im sozialen Status über den Menschen des Hauses stehend betrachten und sich damit ermächtigt fühlen würde, seine selbst zugesprochene Bedeutung auszuleben.

Einige interessante Studien von Rooney und Bradshaw unterstützen aber die Idee, dass wir Zerrspiele in unser Repertoire aufnehmen sollten. Ihre Arbeit besagt, dass es keinen Einfluss auf den relativen Status eines Mensch-Hund-Paares hat, wer von beiden am Ende des Spiels das Spielzeug besitzt. Sie legt aber außerdem auch nah, dass wir bei bestimmten Hunden vorsichtig darin sein sollten, ihnen das Spielzeug am Ende zu überlassen. Rooney und Bradshaw fanden heraus, dass die in der Studie verspieltesten Hunde stärker die Aufmerksamkeit ihrer Besitzer einforderten, wenn man ihnen erlaubte, das Spiel durch Überlassen des Spielzeugs zu »gewinnen«. Es könnte also ratsam sein, sehr lästige Hunde – diejenigen, die ständig darum betteln, doch *nur noch ein Mal* zu spielen – nach dem gemeinsamen Spiel nicht mit dem besabberten Knotenseil im Maul davonstolzieren zu lassen.

Achten Sie darauf, dass Ihr Hund nicht überdreht. Der einzige aus älteren Zeiten stammende Vorbehalt gegenüber Zerrspielen, der heute immer noch Beachtung verdient, ist die Sorge, dass die Hunde während dieses Spiels übermäßig stark in Erregung geraten könnten. Das kann in der Tat zum Problem werden, wenn man nicht verantwortungsvoll damit umgeht. Zu Zerrspielen gehört ein Hund, der sein Maul mit voller Kraft einsetzt, das mit den großen Zähnen darin, um an etwas zu zerren und zu reißen, an dessen anderem Ende Sie hängen. Hunde können sich so sehr in Aufregung steigern, dass sie den Unterschied zwischen einem Spielzeug und Ihrer Hand vergessen, was ja doch irgendwie bedeutet, dass es mit dem Spaß für einen von Ihnen vorbei ist. Die andere Seite der Medaille ist bei diesem speziellen Problem, dass Sie Zerrspiele auch dazu benutzen können, um Ihrem Hund Impulskontrolle beizubringen. Und es ist eine wunderbare Methode, dem Hund beizubringen, als Reaktion auf ein leises Signal Ihrerseits etwas – egal was – loszulassen. Beides sind für Familienhunde (genau wie für Menschen) sehr wichtige soziale Fähigkeiten. Zerrspiele ermöglichen es Ihnen, die Situation zu kontrollieren und Ihren Hund dafür zu bestärken, dass er seine Emotionen im Zaum halten kann oder einen Gegenstand hergibt, den er wirklich sehr, sehr gerne haben möchte. Sie können also Zerrspiele dazu einsetzen, Ihrem Hund Bewegung zu verschaffen und ihm gleichzeitig viele wertvolle Lektionen beizubringen. Sie sind eine tolle Möglichkeit, sowohl Spaß zu haben als auch gleichzeitig mehrere Aufgaben zu erledigen. (Lesen Sie »Zerrspiele und das Lernen von Nimm's/Gib's her« auf S. 63 und »Zerrspiele zum Lernen von Impulskontrolle« auf S. 64 für mehr Informationen dazu, wie Sie diese Lektionen in Ihre Zerrspiele einbauen können. »Die Zeichen für Übererregung erkennen« (S. 79) gibt Ihnen Tipps, wie Sie das Gefühlsbarometer Ihres Hundes im Auge behalten.)

Verletzungen vermeiden. Am besten ist es immer, gerade und gleichmäßig nach hinten zu ziehen, anstatt den Kopf des Hundes vor- und zurückzuziehen. Es ist in Ordnung, wenn der Hund seinen Kopf von sich aus schüttelt, aber seien Sie selbst beim Ziehen vorsichtig – Sie können Verletzungen im Hals- und Genickbereich verursachen oder verschlimmern, wenn Sie nicht aufpassen.

Ziehspielzeuge. Gut ist, bestimmte, nur für Zerrspiele reservierte Spielzeuge zu haben und diese mit Ausnahme der Spielzeit außer Reichweite des Hundes aufzubewahren. Das erhöht ihren Wert und verringert die Wahrscheinlichkeit, dass Ihr Hund irgendeinen Gegenstand nimmt und damit ein Zerrspiel beginnt (wie z. B. Ihren Lieblingspulli, wenn er auf den Boden fällt). Die besten Zerrspielzeuge sind lang – lang genug, dass Sie Ihre Hände weit genug vom Maul des Hundes weghalten können. Selbst der freundlichste Hund kann Sie unabsichtlich verletzen, wenn er das Spielzeug besser zu packen versucht und dabei versehentlich etwas anderes erwischt. Autsch.

Es versteht sich von selbst, dass dieses Kapitel nur für Hunde relevant ist, die gerne mit Gegenständen spielen und denen gemeinsame Zerrspiele mit ihren Besitzern Spaß machen. Wenn Ihrem Hund nichts an Spielsachen liegt, dann lesen Sie bei den nächsten Spielen weiter. Wenn Ihr Hund dagegen Spielsachen mag, kann »Tauziehen« zu einem seiner absoluten Lieblingsspiele werden.

»Verrückt gewordener Besitzer«

Normalerweise betrachtet man das Führen des Hundes an der Leine nicht als ein Spiel, aber durch eine einfache Änderung der Herangehensweise kann daraus ein spaßiges, interaktives Spiel für Sie und Ihren Hund entstehen. Warum muss diese tägliche Aktivität »immer die gleiche alte Leier« sein, wenn Sie sie auch zu einer fröhlich-albernen Unterhaltung machen können? Spaziergänge mit dem Hund sind eine prima Zeit, um Spiel in den normalen Tagesablauf einzubauen und Ihren Hund davon zu überzeugen, dass Sie wirklich der beste Besitzer der Welt sind.

Und das müssen Sie dazu tun: Nehmen Sie eine Hand voll kleiner, schmackhafter Leckerlis mit auf den Spaziergang. Locken Sie Ihren Hund an Ihre linke Seite, indem Sie ihn an der Hand mit den Leckerchen darin schnüffeln lassen und gehen Sie dann los. Immer dann, wenn Ihr Hund neben Ihnen läuft oder nach Ihnen schaut, anstatt im Gras herumzuschnüffeln, loben Sie ihn und geben ihm ein Leckerchen. Sie versuchen hier nicht unbedingt, ihm das Gehen bei Fuß beizubringen (obwohl dieses Spiel das Benehmen Ihres Hundes an der Leine erheblich verbessern kann), sondern Sie versuchen nur, seine Aufmerksamkeit zu erlangen und ihm beizubringen, dass Sie interessanter sind als sämtliche Gerüche im Gras.

Sobald Ihr Hund bemerkt hat, dass ein lustiges Spiel ansteht, beginnen Sie den »verrückten Besitzer« zu spielen. Dazu brauchen Sie keine Clownsnase und keinen Schlapphut – verändern Sie einfach sehr häufig Ihre Gehgeschwindigkeit und die Richtung, sodass Ihr Hund nicht vorhersehen kann, was Sie als Nächstes tun werden. Anstatt immer nur in gleichbleibendem Tempo geradeaus zu gehen, gehen Sie nun mal schnell, mal langsam, mal nach links und mal nach rechts. Dieses unvorhersehbare Verhalten sorgt dafür, dass Ihr Hund nie genau weiß, was er zu erwarten hat und macht Sie in seinen Augen sehr interessant! Geben Sie ihm zu Beginn alle paar Schritte ein Leckerli, benutzen diese aber im Laufe des Spiels immer weniger. Solange Ihr Verhalten interessant bleibt und Sie gelegentlich Leckerlis und Lob spendieren, wird Ihr Hund es für eins der tollen gemeinsamen Spiele halten, die Sie miteinander unternehmen.

Und so könnte eine Einheit aussehen: Nehmen wir an, Sie haben drei schnelle Schritte vorwärts gemacht. Ihre rasche Bewegung hat Ihren Hund aufmerksam gemacht, sodass er mit Ihnen mitgeht. Loben Sie ihn deutlich und geben Sie ihm ein gutes Leckerli. Nun gehen Sie fünf Schritte geradeaus, aber diesmal in langen, weiten Schritten. Bleiben Sie eine Sekunde lang stehen, sagen Ihrem Hund, wie schlau er ist und biegen dann rechts ab, woraufhin Sie zwei kurze, schnelle Schritte machen. Geben Sie ihm ein Leckerli und gehen dann fünf oder sechs rasche Schritte. Dann biegen Sie ohne anzuhalten nach rechts ab und werden langsamer, dann drehen Sie sich um 180 Grad links herum oder vor Ihren Hund und machen noch zwei Schritte. (Jetzt verstehen Sie sicher, warum wir uns für dieses Spiel extra ein T-Shirt haben drucken lassen: »Ich bin nicht verrückt! Ich trainiere nur meinen Hund!«) Jedenfalls garantiert Ihnen dieses Spiel, dass Ihre Nachbarn an die Fenster kommen werden.

Natürlich ist dieser beschriebene Ablauf nur ein Beispiel. Was genau Sie tun, liegt völlig bei Ihnen, solange Ihr Hund nur lernt, dass Sie unvorhersehbar (sprich: interessant) sind und solange Sie Ihren Hund und sich selbst nicht wie Comicfiguren in der Leine einwickeln. Je nach den Reaktionen Ihres Hundes werden Sie Ihre Bewegungen anpassen müssen, fast so, als ob Ihr Hund und Sie Tanzpartner wären. Gewissermaßen führen Sie und er folgt. Manche Hunde werden zu aufgeregt, wenn Sie zu schnell gehen, weshalb Sie Ihre schnelleren Schritte in einem dem Hund angemessenen Tempo gehen müssen. Andere Hunde, die gern vorpreschen, werden Sie aufzuhalten versuchen, wenn Sie vor ihnen links abbiegen möchten. Wenn das passiert, biegen Sie einfach anders herum ab, sodass der Hund wieder hinter Ihnen ist und biegen dann wieder links ab, bevor der Hund aufgeschlossen hat.

Streuen Sie dieses Spiel auf jedem Spaziergang ein, lassen aber Ihrem Hund noch genug Zeit, ausgiebig in der Gegend herumzuschnüffeln und sie zu erkunden – schließlich hat jeder Hund sich eine Zeit verdient, in der er einfach nur Hund sein und seine Nase einsetzen darf! Sie sind gut beraten, wenn Sie dieses Spiel unter Signal setzen, damit Ihr Hund genau weiß, wann Spielzeit ist und wann er seine Aufmerksamkeit wieder von Ihnen abwenden kann. Sie könnten zum Beispiel »Blödelkram!« oder »Quatschspiel!« sagen, wenn Sie Ihr Kreuz-und-Quer-Muster beginnen und »Okay« oder »Frei«, wenn es an der Zeit ist, dem Hund etwas mehr Freiraum zu lassen. Nochmals: Es ist hier nicht Ihr Ziel, dem Hund formelles Gehen bei Fuß beizubringen, obwohl die meisten Menschen feststellen, dass dieses Spiel eine deutlich verbesserte Leinenführigkeit bewirkt. Sie schlage zwei Fliegen mit einer Klappe – Sie gehen mit dem Hund spazieren und er lernt, dass es ein unterhaltsamer Zeitvertreib ist, Ihnen Aufmerksamkeit zu schenken.

Das Suchspiel

Ein gutes Spiel zur Beschäftigung Ihres Hundes ist das Suchspiel. Sie können ihm beibringen, Leckerlis, seinen Ball oder irgendetwas anderes zu suchen und zu finden. Die meisten Hunde lernen dieses Spiel am besten mit Leckerlis, aber ausgesprochen spielzeugverrückte Hunde suchen vielleicht lieber nach Spielsachen.

Beginnen Sie damit, dass Sie Leckerlis auf den Boden oder auf Möbel in Ihrer Nähe legen, ohne dass der Hund Ihnen dabei zuschaut. Sie können zwei oder drei Leckerlis gleichzeitig hinlegen, vielleicht etwa einen halben Meter auseinander. Sagen Sie nun fröhlich »Such die Leckerlis!« und klopfen Sie mit der Fußspitze oder zeigen Sie mit dem Finger, um Ihren Hund auf die Leckerlis hinzuweisen. Trotz ihres unglaublich feinen Geruchssinns werden die meisten Hunde zuerst ihre Augen benutzen, um die Leckerchen zu finden. Irgendwann werden sie dann lernen, sie durch Herumschnüffeln zu finden. Sobald Ihr Hund auf Ihren Hinweis nach den Leckerchen zu schauen (oder zu schnüffeln) beginnt, lassen Sie den Fingerzeig oder das Klopfen mit der Fußspitze weg. Je besser Ihr Hund im Finden der Leckerlis wird, desto mehr können Sie den Abstand zwischen den einzelnen ausgelegten Leckerlis vergrößern, wobei Sie immer darauf achten, dass Ihr Hund Ihnen nicht zuschaut. Sie können den Schwierigkeitsgrad erhöhen, indem Sie die Leckerlis über einen ganzen Raum oder sogar über mehrere Räume im Haus verteilen oder indem Sie schwierigere Verstecke wählen. Sie können das Suchspiel auch draußen im Hof oder Garten veranstalten.

Wenn Sie dieses Spiel als »Such deinen Kong®« oder »Such deinen Ball« spielen, besteht die beste Bestärkung für den erfolgreichen Hund darin, dass Sie mit ihm spielen. Sie können sofort in dem Moment, in dem er das Spielzeug findet, mit ihm spielen oder zusammen zum Spielen nach draußen gehen. Das Natürlichste von der Welt, nachdem Sie ihn zum Suchen eines Spielzeugs aufgefordert haben! Wenn Sie nach Spielsachen suchen lassen, haben Sie außerdem die zusätzliche Möglichkeit, Ihrem Hund die Namen all seiner verschiedenen Spielsachen beizubringen, sodass Sie ihm irgendwann sagen können »Such deinen Hasen« oder »Such deinen Ball«. Manche Hunde lernen die Namen vieler verschiedener Gegenstände, was dieses Spiel zu einer unterhaltsamen Herausforderung für sie machen kann.

Außer dass Sie Ihren Hund mit etwas Spannendem beschäftigen, das seinen Verstand und seine Sinne fordert, hat dieses Spiel auch noch weitere Vorteile. Wenn Ihnen ein wenig Futter oder ein Leckerli heruntergefallen ist, können Sie Ihrem Hund künftig sagen, dass er es suchen soll. Er kann Ihnen helfen, sein Spielzeug wiederzufinden, wenn es weg ist, was zweifellos jedem mit seinem Lieblingsspielzeug von Zeit zu Zeit mal passiert. Wenn Sie Ihren Hund dann noch ins »Platz-Bleib« legen, während Sie die Leckerlis oder das Spielzeug verstecken, können Sie das Spiel sogar noch mit Gehorsamsübungen verbinden.

So toll dieses Spiel auch ist – es ist leider nicht für jeden Hund geeignet. Wir empfehlen es nicht für Hunde, die Spielsachen oder Futter verteidigen, denn der Hund könnte seinen Gegenstand beim ersten Suchen übersehen und ihn dann finden, wenn Sie unabsichtlich die Hand danach ausstrecken. Wo wir gerade von Futter sprechen, das vorerst unentdeckt in seinem Versteck liegen bleibt: Nehmen Sie für dieses Suchspiel aus naheliegenden Gründen unbedingt trockene Leckerchen und kein feuchtes, verderbliches Futter. Noch ein letzter Warnhinweis: Manche Hunde lernen, im Haus auch dann nach Futter zu suchen, wenn Sie gerade nicht das Suchspiel spielen, was nicht für jedermann wünschenswert sein mag. So konnte Karen früher jahrelang ihren mit Leckerchen gefüllten Trainingsbeutel überall herumliegen lassen und ihr Hund war nie dran gegangen. Ein paar Wochen, nachdem Sie ihm das Suchspiel beigebracht hatte, waren die Tage vorbei, an denen er den Futterbeutel ignoriert hatte. Wenn der Beutel liegen blieb, fand er auch die darin enthaltenen Leckerchen. Seien Sie also gewarnt!

Versteckspiel

Wenn Sie Ihren örtlichen Hundetrainer rundweg entzücken wollen, dann erwähnen Sie ihm gegenüber einfach, dass Sie mit Ihrem Hund Verstecken spielen. Trotz der Tatsache, dass alle Trainer unterschiedliche Ansichten zur Hundeausbildung haben, werden Sie unter denjenigen, die mit positiven Methoden arbeiten, kaum einen finden, der für dieses Spiel etwas anderes als Lob übrig hat. Es bezieht Rückruftraining auf eine Art und Weise ein, die dem Hund Spaß macht und ihn bestärkt, es enthält Elemente von Entdeckerfreude und lehrt Ihren Hund, auch dann auf Zuruf zu kommen, wenn er Sie gar nicht sehen kann. Außerdem lehrt es Ihren Hund, auf Sie zu achten, damit er jederzeit weiß, wo Sie gerade sind – auch, wenn Sie ohne Leine spazieren gehen. Das sind eine ganze Menge Vorteile für ein einfaches Spiel!

Um Ihrem Hund das Versteckspiel beizubringen, rufen Sie ihn zunächst, wenn Sie teilweise außer Sichtweite sind. Sie können sich zum Beispiel halb hinter einer Tür verstecken oder hinter einen Gegenstand ducken, der zu klein ist, um Sie ganz zu verdecken – einen Putzeimer oder Servierwagen zum Beispiel. Sagen Sie »Komm!« und klatschen oder schnalzen dann, oder sagen Sie hopp-hopp-hopp-hopp, oder schütteln Sie seinen Leckerlibeutel, um ihn zum Herkommen zu bewegen. Sobald er Sie gefunden hat, belohnen Sie ihn mit tollen Leckerchen, werfen ein neues Kauspielzeug oder rennen los, damit er Sie jagen kann. Aber halten Sie sich bereit, ihn sofort auf der Stelle zu bestärken – wenn Sie erst aufstehen müssen, um die Leckerchen oben vom Schrank zu holen, ist das zu spät.

Je besser Ihr Hund Sie zu finden lernt, desto besser können Sie sich verstecken – hinter der Tür, in einem anderem Raum, in der Badewanne oder hinter dem Sofa – und den Schwierigkeitsgrad des Spiels steigern. Karen hat sich während dieses Spiels einmal in einem Wäschekorb verklemmt, aber Ihr Hund hat sie ja gefunden! Seien sie kreativ und wechseln Sie Ihre Verstecke ab.

Sie können auch draußen spielen, solange Sie sich in einem ungefährlichen Bereich befinden. Um den Vorteil des Spiels maximal auszunutzen, verschwinden Sie außer Sichtweite des Hundes und rufen ihn genau in dem Moment, in dem er merkt, dass er Sie verloren hat. Suchen Sie sich eine Stelle hinter einem Baum oder Busch, verschwinden dort zumindest teilweise und rufen Ihren Hund dann zu sich. Wenn Sie ein zu schwieriges Versteck gewählt haben, kann es sein, dass Ihr Hund frustriert wird oder (in seltenen Fällen) Panik bekommt. Achten Sie also darauf, die Verstecke nur ganz allmählich schwieriger zu machen und sich teilweise sehen zu lassen, falls Ihr Hund von Ihrer Abwesenheit beunruhigt zu sein scheint. Manche Hunde machen sich nicht viel daraus, wenn ihre Besitzer weg sind, besonders draußen an wirklich interessanten Orten, aber den anhänglicheren Typen weiten sich die Augen vor Schreck, wenn sie glauben, ihren Menschen verloren zu haben. Aber wie toll ist es, wenn Ihr Hund gelernt hat, jederzeit darauf zu achten, wo Sie gerade sind!

Eine besondere Art des Versteckspiels heißt »Familienkreis« und wird von mehreren Personen gleichzeitig mit dem Hund gespielt. Sein zusätzlicher Vorteil ist, dass der Hund die Namen verschiedener Menschen lernen kann und Sie ihn später sogar zum Abholen bestimmter Personen schicken können.

Das Spiel geht ganz einfach: Einer sagt »Wo ist Jan?«, woraufhin Jan in die Hände klatscht und den Hund ermuntert, zu ihm zu kommen. Wenn der Hund zur richtigen Person geht, wird er gelobt, geht er aber zur falschen, wird er ignoriert. Sobald Jan den Hund gelobt hat fragt er »Wo ist Anna?«, woraufhin Anna den Hund zu sich ruft. Nur wenn der Hund zu Anna geht wird er belohnt. Aber Achtung – schnell bringt man dem Hund unabsichtlich bei, immer in einer bestimmten Reihenfolge zu unterschiedlichen Personen zu laufen anstatt wirklich auf deren Namen zu hören. Das können Sie vermeiden, indem Sie die Reihenfolge der aufgerufenen Namen immer ändern und mit unterschiedlichen Personen spielen. Wenn Sie immer mit den beiden gleichen Personen spielen, kann es sein, dass die Frage »Wo ist ...?« für den Hund nur »geh zu der anderen Person« bedeutet.

Tricks lernen

Hunde zeigen sehr gerne Tricks, wenn sie mit Geduld und viel positiver Bestärkung beigebracht wurden. Und warum auch nicht? Sie bekommen viele Leckerlis dafür, und was mindestens genauso wichtig ist: Sehr oft ist unsere eigene Einstellung anders, wenn wir Tricks lehren. Weil Tricks in der Regel als »lustige Spiele mit dem Hund« anstatt »Gehorsamsübungen« gesehen werden, regen wir uns in der Regel weniger auf, wenn unsere Hunde nicht das Gewünschte tun. Nur zu leicht ist man enttäuscht, wenn man »Platz« sagt und der Hund nicht reagiert. Aber was, wenn der Hund einen Trick nicht macht? Was tun wir dann? Die meisten von uns zucken mit den Schultern und lachen. »Na gut«, sagen wir, »dann werden wir die Trickshow im Fernsehen wohl doch nicht gewinnen!« Kein Wunder, dass viele Hunde das Tricktraining lieben. Meistens haben ihre Menschen viel mehr Spaß als sonst, wenn sie Tricks mit ihnen üben.

Es gibt jede Menge Tricks, die Sie Ihrem Hund beibringen können, und wir können sie hier nicht annähernd alle beschreiben. Deshalb haben wir unsere Lieblings-Trickbücher im Anhang aufgelistet. Hier möchten wir Ihnen nur ein paar Tricks vorstellen – als Inspiration für tolle Sachen, die Ihnen noch bevorstehen. Wir haben fünf Tricks ausgewählt, die jeder gesunde Hund machen kann, die recht einfach zu lehren sind und von denen wir denken, dass sie einfach originell sind. Einige dieser Tricks stammen aus *101 Dog Tricks*, einem inspirierenden Buch, das bewirkt, dass man am liebsten sofort in Rente gehen und seine ganze Zeit damit verbringen möchte, allem, was vier Beine hat, Tricks beizubringen.

Durch den Reifen springen

Ein Hund, der durch einen Reifen springt, hat etwas Unwiderstehliches an sich – der Anblick scheint einfach jedem die Socken auszuziehen, selbst Menschen, die sich aus Hunden gar nichts machen. Der Trick eignet sich außerdem gut, dass Kinder ihn dem Hund beibringen, sofern sie alt genug sind, um auf die Sicherheit des Hundes zu achten. Auch die Hunde scheinen Spaß an diesem Spiel zu haben; nach einer Weile können sie verallgemeinern und durch alles mögliche Runde springen, und Sie können auf diesem einfachen Grundtrick eine ganze Reihe weiterer Tricks aufbauen. Patricia nutzte eine ähnliche Technik, um ihrem ersten Border Collie beizubringen, über ihren Rücken zu springen. Menschen die das damals als Kinder gesehen haben, fragen heute mit Ende Zwanzig immer noch danach. Sie müssen lediglich sicherstellen, dass Ihr Hund gesund ist und das Springen keine Verletzungen bewirken oder verschlimmern kann. Falls Sie diesbezüglich Bedenken haben, sollten Sie Ihren Tierarzt zu Rate ziehen.

Kaufen Sie als Erstes einen Hula Hoop-Reifen, aber achten Sie darauf, dass er nicht mit geräuschverursachenden Perlen gefüllt ist, die Ihrem Hund Angst machen könnten. (Sie können die Perlen auch entfernen, indem Sie mit einem Teppichmesser ein kleines Loch in den Reifen schneiden und sie herausschütteln.) Halten Sie den Reifen so in eine offene Tür, dass er unten auf dem Boden aufsteht und werfen Sie ein Leckerchen hindurch, um Ihren Hund zum Durchlaufen zu animieren. Sobald er problemlos durch den Reifen läuft, sagen Sie »Hopp!«, kurz bevor er bei dem Reifen ankommt. (Den Reifen in eine Tür zu halten hat den Effekt, dass der Hund nicht an ihm vorbeilaufen kann, um sich die Belohnung abzuholen. Er muss durch den Reifen, wenn er die Belohnung haben möchte). Als Nächstes heben Sie den Reifen ein paar Zentimeter vom Boden an, werfen wieder ein Leckerchen hindurch und sagen »Hopp!«, kurz bevor der Hund durch den Reifen läuft. Achten Sie darauf, das Leckerchen immer weit genug durch den Reifen zu werfen, damit der Hund nicht gleich nach der Landung stoppt – es sollte immer etwa zwei bis drei Meter hinter dem Reifen liegen. Halten Sie den Reifen Stück für Stück immer höher, aber widerstehen Sie der Versuchung, ihn zu schnell zu hoch zu halten. Sie sind besser beraten, wenn Sie langsam vorgehen und ein solides Fundament schaffen, anstatt dem Hund versehentlich beizubringen, unter dem Reifen durchzulaufen, weil Sie ihn zu schnell erhöht haben. Halten Sie den Reifen in den ersten sechs oder acht Übungseinheiten nicht höher als fünfzehn bis zwanzig Zentimeter.

Wenn Ihr Hund durch den zehn Zentimeter hoch gehaltenen Reifen springt, bewegen Sie ihn etwas weiter von der Tür weg, halten ihn aber wieder tiefer, um den Hund Erfolg haben zu lassen. Stück für Stück können Sie ihn höher oder weiter weg von der Tür halten, aber immer nur eins von beiden – wenn der Reifen weiter von der Tür weg ist, lassen Sie etwas in der Höhe nach. Wenn Sie einen höheren Sprung versuchen möchten, gehen Sie wieder näher zur Tür. Wenn Sie weiter von der Tür entfernt nur leichtere Sprünge verlangen, verringern Sie die Wahrscheinlichkeit, dass der Hund um den Reifen herum läuft anstatt hindurch. Achtung: Verlangen Sie von Ihrem Hund nicht höher zu springen als er kann, und bedenken Sie, dass er bei einem höheren Sprung mehr Anlauf braucht. Lassen Sie ihn sich etwa anderthalb bis drei Meter entfernt von dem Ring setzen und sagen dann »Hopp!«.

Sobald Ihr Hund selbstsicher durch den Reifen springt, können Sie alle möglichen anderen Spiele erfinden. Sie können Ihrem Hund beibringen, durch Ihre Arme zu springen oder durch einen über Ihr Bein gehaltenen Reifen, was Sie anschließend zu Sprüngen über Ihre Beine oder Ihren Rücken weiter entwickeln können. Sie können auch verrückte Dinge mit dem Reifen tun wie z. B. rotes oder gelbes Kreppapier darumwickeln, um ihn zu einem »Feuerreifen« zu machen. Dieses Spiel kann so gut wie überall mit so gut wie jeder Größe von Hund gespielt werden, weshalb wir unbedingt empfehlen, dass Sie es in Ihr Repertoire aufnehmen.

Schämst du dich nicht?

Dies ist ein wirklich guter Wohnzimmertrick, der Sie und Ihre Freunde selbst an den düstersten Tagen zum Lachen bringen wird. Ihr Hund wird seinen Kopf unter einem Kissen oder einer Decke verbergen, sobald Sie »Schämst du dich nicht?« sagen. Das erfordert zwar etwas mehr Trainingsaufwand als der Sprung durch den Reifen, ist aber für die meisten Hunde nicht weiter schwierig und ein so toller Trick zum Vorführen vor Freunden, dass sich der Aufwand lohnt.

Beginnen Sie, indem sie ein Leckerli unter ein Kissen oder eine Decke legen, unter das oder die Ihr Hund seine Nase schieben kann. Auch ein an der Rückseite einer Stuhllehne festgebundenes Stuhlpolster kann funktionieren, wenn es auf Nasenhöhe des Hundes ist. Patricia hatte aber den meisten Erfolg mit einem direkt auf dem Boden liegenden Hundebett, weshalb wir dies als Beispiel nehmen. Zeigen Sie Ihrem Hund ein Leckerli, stecken die Hand mit dem Leckerli dann ein paar Zentimeter von der Nase Ihres Hundes entfernt unter das Hundebett und sagen »Guter Junge!«, wenn er es findet und frisst.

Sobald er seine Nase eifrig unter das Bett zu stecken beginnt, sagen Sie mit fröhlicher, neckischer Stimme »Schämst du dich nicht?«, sobald Sie das Leckerli hingelegt haben. (Sprechen Sie in diesem Stadium nie in vorwurfsvollem Ton – Sie möchten ja nicht, dass Ihr Hund sich wirklich schämt!)

Mit steigendem Fortschritt schieben Sie das Leckerli immer weiter unter das Hundebett, damit Ihr Hund seinen Kopf ganz darunter steckt. Sobald er seinen Kopf ganz unter dem Bett hat, stecken Sie Ihre Hand mit einem Leckerli von der anderen Seite darunter. Das heißt, Sie und Ihr Hund befinden sich jetzt gegenüber, mit dem Bett zwischen ihnen. Es ist sehr wichtig, so schnell wie möglich auf die andere Seite zu wechseln, damit der Hund nicht in Versuchung kommt, seinen Kopf herauszuziehen und sich nach Ihnen rückwärts umzuschauen. Geben Sie ihm das Leckerli, sobald sein Kopf komplett bedeckt ist.

Sobald er seinen Kopf ganz unter das Bett steckt, können Sie zur nächsten Stufe übergehen. Schieben Sie Ihre Leckerchenhand wie zuvor unter das Bett, lassen sie aber geschlossen, damit der Hund nicht an das Leckerli herankommt. Warten Sie so nicht länger als ein oder zwei Sekunden, damit er nicht in die Versuchung kommt, seinen Kopf herauszuziehen um nach dem Leckerli zu schauen. Über mehrere Übungseinheiten hinweg verlangen Sie allmählich immer längere Intervalle, in denen Ihr Hund seinen Kopf nicht wegbewegen soll – bis zu drei oder fünf Sekunden – bevor Sie das Leckerli loslassen.

Die letzte Stufe besteht darin, »Schämst du dich nicht?« zu fragen und darauf zu warten, dass Ihr Hund seinen Kopf unter das Bett steckt, ohne dass Sie zuvor ein Leckerli zur Motivation dort hingelegt haben. Es wird ihm sehr helfen, wenn Sie dabei an derselben Stelle sitzen wie zuvor und auch alles andere unverändert ist. Bewegen Sie sich einfach auf Ihre gewohnte Seite, geben ihm das Signal und bleiben in der gleichen Position wie vorher sitzen, mit dem Leckerchen in der Hand. Bereiten Sie sich darauf vor, ihn zu bestärken – immer auf der anderen Seite des Betts und auf seiner Nasenhöhe – sobald er das gewünschte Verhalten zeigt. Irgendwann können Sie Ihre Frage auch stellen, wenn Sie ein ganzes Stück weit vom Bett entfernt stehen. Spendieren Sie ihm anfangs unbedingt ein Extralob und eine Extrabelohnung, wenn er den Trick auch dann zeigt, obwohl Sie weiter weg stehen.

Ich brauche ein Taschentuch

Sie niesen und Ihr Hund bringt Ihnen ein Taschentuch – noch ein Trick mit außergewöhnlichem Charme-Effekt! Natürlich fällt er viel leichter, wenn Ihr Hund schon Dinge apportieren kann, aber der Trick ist so schön, dass wir ihn einfach nicht auslassen konnten. Als Voraussetzung muss Ihr Hund »Nimm's« können. (Falls er das noch nicht beherrscht, lesen Sie im Abschnitt »Nimm's /Gib's her« nach.)

Das Taschentuch bringen. Sobald Ihr Hund etwas auf Signal hin nimmt, Ihnen bringt und abgibt, können Sie ihm sagen, dass er ein Taschentuch aufheben soll. Manche Hunde werden vielleicht zögern, Ihnen ein Papiertaschentuch zu bringen – entweder wurden sie in der Vergangenheit dafür bestraft, die Box mit den Papiertüchern darin zu plündern oder der Geschmack ist ihnen einfach unangenehm. Falls das bei Ihrem Hund der Fall ist, versuchen Sie es mit Stofftaschentüchern oder rollen Sie ein Papiertaschentuch zu einem Ball zusammen und werfen es. Viele Hunde heben gern ein Stofftaschentuch auf, wenn man einen Hundekuchen darin einwickelt. Bestärken Sie Ihren Hund mit Leckerchen fürs Fangen oder Aufheben des Gegenstandes vom Boden, selbst wenn er ihn sofort anschließend ausspuckt sollte. Sobald er es willig aufhebt, fordern Sie ihn auf, es von Ihrer Hand zu nehmen. (Versuchen Sie, es ihm ein paar Mal zu zeigen und dann wieder schnell vor ihm verschwinden zu lassen – die Taktik »So leicht kriegst du mich nicht« funktioniert auch bei Ihrem Hund!) Verlängern Sie nach und nach die Zeit, die er das Taschentuch im Maul hält, um eine, dann zwei Sekunden und lassen Sie ihn irgendwann auch ein paar Meter weit mit dem Tuch im Maul gehen. Bei manchen Hunden klappt das schon beim ersten Mal, bei anderen kann es ein paar Einheiten lang dauern.

Das Niesen wird zum Signal. Jetzt, wo Ihr Hund ein Taschentuch aus Ihrer Hand nimmt und im Maul hält, stecken Sie es teilweise in Ihre Hosentasche oder in eine Tücherbox, die Sie mit Klebeband auf einem niedrigen Tisch befestigt haben. Niesen Sie mit einem deutlichen HATSCHI und sagen dann »Nimm's«, während Sie Ihren Hund mit Zeigen auf das Taschentuch oder Wackeln an dessen Rand helfen. Bestärken Sie alles, was Ihrem gewünschten Ziel irgendwie ähnelt, selbst wenn er nur zu dem Taschentuch hingeht und es einen kurzen Moment ins Maul nimmt. Achten Sie aber sehr gut darauf, wofür genau Sie ihn bestärken – sagen Sie exakt in dem Moment »Gut!« oder clicken Sie mit einem Clicker, wenn er das Gewünschte tut. Sobald er das Taschentuch willig zurückbringt, schleichen Sie das Signal »Nimm's!« langsam aus und benutzen nur noch HATSCHI als Signal. Falls nötig, lesen Sie im Abschnitt »Nimm's/Gib's her« nach, wie Sie ihn dazu motivieren, Ihnen das Taschentuch anzubieten und es sich aus dem Maul nehmen zu lassen. Verlangen Sie mit der Zeit immer mehr Bestandteile des ganzen Tricks von ihm, bis er das Taschentuch nach Ihrem Niesen aus der Box oder Ihrer Hosentasche zieht und Ihnen gibt.

Sie werden merken, dass dieser Trick etwas mehr Zeit in Anspruch nimmt als der Sprung durch den Reifen oder »Schämst du dich nicht?«. Seien Sie geduldig und haben Sie Spaß – denken Sie immer daran, dass es nur ein Spiel ist! Wenn Ihr Hund das Taschentuch schnell aufhebt, freuen Sie sich, aber seien Sie nicht entmutigt, wenn es langsamer geht. Fassen Sie das Ganze einfach als eine tolle Möglichkeit auf, Ihren Hund bei schlechtem Wetter zu beschäftigen. Karen, die eigentlich aus Los Angeles kommt, hätte die schrecklichen Winter in Wisconsin nie überlebt, wenn sie Bugsy, ihren heiß geliebten, aber nicht ganz so schlauen Hund nicht mit Tricktraining beschäftigt hätte.

Schnüffeln auf Kommando

Hier der einfachste Trick der Welt zum Üben mit Ihrem Hund, denn genau wie bei »Sitz« und »Platz« weiß Ihr Hund schon, wie man es macht. Sie müssen ihm nur noch beibringen, es auf Signal hin zu tun. Sie sagen »Riech« und lassen Ihren Hund an dem schnüffeln, worauf Sie gerade zeigen. Zugegeben, dieser Trick wird Ihre Freunde nicht vom Hocker hauen, aber Ihr Hund wird ihn lieben. Endlich kann er an all den Sachen im Haus riechen, an die er bis jetzt noch nie seine Nase halten konnte! Ein zusätzlicher Vorteil dieses einfachen Tricks ist, dass er Ihrem Hund helfen kann, besser mit neuen Dingen zurechtzukommen. Was wirklich prima für Hunde ist, die neuen Gegenständen oder Menschen gegenüber etwas zögerlich sind! Lassen Sie Ihren Hund allerdings nicht an Fremden schnüffeln, wenn er in der Vergangenheit in dieser Situation schon einmal ganz starr geworden ist, geknurrt oder gar gebissen hat. Falls das der Fall sein sollte, suchen Sie einen erfahrenen Trainer oder Verhaltensexperten auf, um Ihrem Hund eine angemessenere Reaktion beizubringen.

Beginnen Sie damit, indem Sie Ihrem Hund einen Gegenstand in knapp zehn Zentimetern Entfernung und auf Nasenhöhe vors Gesicht halten und »Riech« sagen. Falls Ihr Hund nicht gerade Angst hat, wird er automatisch daran schnüffeln, weil Hunde so ihre Umgebung erkunden. Sie können es in jeder Übungseinheit mit fünf oder zehn verschiedenen Gegenständen versuchen, weil für einen Hund wirklich alles unterschiedlich riecht. Sie können sogar zehn Bücher aus Ihrem Regal nehmen und sicher sein, dass jedes davon für Ihren Hund einzigartig riecht. Hunde scheinen dieses Spiel zu lieben, und es ist eine unglaublich einfache Methode, sie zu beschäftigen. Irgendwann wird Ihr Hund das Wort »Riech« mit dem Beschnüffeln verknüpfen und auf Ihr Signal hin einatmen, um den Geruch eines beliebigen Gegenstandes aufzunehmen.

Sie können sich zahlreiche Variationen dieses Tricks erarbeiten – so können Sie Ihren Hund zum Beispiel auffordern, auf Ihr Signal hin etwas weiter Entferntes zu beschnüffeln oder, wenn er schon Namen verschiedener Gegenstände kennt, ihn bestimmte Dinge beschnüffeln lassen. Sie können »Riech dein Körbchen« oder »Riech deinen Ball« sagen, um ihn herumzuschicken und zu beschäftigen, während Sie fernsehen oder das Abendessen zubereiten.

In welcher Hand?

Hunde sind so geruchsorientierte Wesen, dass es leichter als alles andere fällt, ihnen das Einsetzen ihrer Nase beizubringen. Hier ein einfacher Trick, der die Grundlage für eine ganze Zaubervorführung sein könnte: Ihr Hund findet mit Hilfe seiner Nase heraus, in welcher Hand Sie ein Leckerli halten. Um damit zu beginnen, nehmen Sie ein stark riechendes Leckerli so in eine Faust, dass es noch ein Stückchen herausschaut. Halten Sie beide Fäuste vor die Brust Ihres Hundes und fragen: »Welche Hand?« Wenn er irgendein Interesse an der Hand mit dem Leckerli zeigt – daran riecht, mit der Nase daran stubst oder mit der Pfote daran kratzt – öffnen Sie die Hand und lassen es ihn sich nehmen. Wenn er die falsche Hand ausgewählt hat, sagen Sie einfach »ups«, öffnen Sie die Hand, um ihm zu zeigen, dass sie leer ist und warten Sie eine halbe oder ganze Minute, bevor Sie es erneut versuchen.

Wiederholen Sie das immer wieder und waschen Sie nach jedem Versuch den Geruch von Ihren Händen, um Ihren Hund nicht zu verwirren. Achten Sie darauf, dass Sie die Hand wechseln, in der das Leckerli ist – viele Hunde neigen dazu, diejenige Hand auszuwählen, in der sie zuletzt die Belohnung gefunden haben, und wenn ein Hund das erst einmal in seinem Kopf hat, wird es schwierig, es wieder zu ändern. Wenn Ihr Hund zuverlässig die richtige Entscheidung trifft, beginnen Sie das Leckerli ein wenig weiter zu verstecken. Bedecken Sie es Stück für Stück ein wenig mehr, bis es ganz in Ihrer Hand verschwindet. Jetzt ist Ihr Hund so weit, dass Sie den Trick vorführen können!

Besonders charmant ist es, wenn Ihr Hund seine Entscheidung durch Zeigen mit der Pfote kundgibt. Sobald Ihr Hund zuverlässig die Nase nutzt, um die richtige Hand zu zeigen, versuchen Sie bis zu fünf Sekunden nach seiner Entscheidung zu warten, um zu sehen, ob er seine Pfote anstelle des Mauls einsetzt. Viele Hunde werden nämlich mit der Pfote an das Leckerchen zu kommen versuchen, wenn die Hand durch Anstupsen mit der Nase sich nicht öffnet. Die Wahrscheinlichkeit dafür ist größer, wenn Sie das Leckerchen etwas unter Schulterhöhe des Hundes halten.

Abgesehen davon, dass dieser Trick an sich niedlich ist, ist er einer der ersten Schritte zum Lernen eines schwierigeren Tricks, nämlich des »Hütchenspiels«. Bei diesem Spiel legen Sie das Leckerli unter einen von drei Bechern, schieben diese umeinander herum und Ihr Hund zeigt mit der Pfote, unter welchem Becher sich das Leckerchen befindet.

Organisierter Sport in Hundeschulen

Es hat durchaus seinen Grund, dass organisierter Sport so beliebt ist. Außer dass man viel Spaß hat, kann das Lernen neuer Fähigkeiten in der Gruppensituation mehr Unterstützung, Motivation und Inspiration bieten.[6] Viele Hunde scheinen die von einer Gruppe entwickelte Energie zu lieben, und wenn das auf Ihren Hund zutrifft, suchen Sie eine Hundeschule oder einen Hundeclub in Ihrer Nähe, die zu Ihnen beiden passt.

Denken Sie daran, dass nicht jeder Hund Gruppenaktivitäten mag. Manche sind ängstlich in der Nähe von anderen Hunden, während andere sich fremden Menschen gegenüber oder in lauten Umgebungen nicht wohlfühlen. Wenn Ihr Hund in Gruppensituationen Anzeichen von Angst zeigt – Gähnen oder Belecken der Lefzen, Ausweichen vor anderen Hunden, ständiges Bellen (und natürlich Knurren) – verlassen Sie die Gruppe und spielen zu Hause. Schließlich soll Spielen Spaß machen und nicht Stress verursachen! Sie können zwar möglicherweise mit einem Trainer oder Verhaltensexperten daran arbeiten, solche Situationen für den Hund einfacher zu machen, aber werfen Sie niemals einen ängstlichen Hund in einen Raum voller bellender Fremder und erwarten von ihm, dass er »da durch muss«. Einen Hund ins Wasser zu werfen kann ihm zwar das Schwimmen beibringen, aber mit größerer Wahrscheinlichkeit wird es ihn lehren, schreckliche Angst vor Wasser und vielleicht sogar vor Ihnen zu haben.

Eine letzte Bemerkung noch zu Gruppen: Vergewissern Sie sich, dass positive, auf Bestärkung und Belohnung basierende Methoden verwendet werden. Hüten Sie sich vor Trainern, die behaupten, nur mit positiven Methoden zu arbeiten und dann Leinenkorrekturen und Stachelhalsbänder neben ein bisschen Stimmlob einsetzen. Positive Bestärkung definiert sich darüber, was Ihr Hund mag, und das ist normalerweise Futter, Spiel, Bauchkraulen, Spielzeug und viel, viel überschwängliches Lob. Sie besteht nicht aus der Art von Tätscheln oben auf den Kopf, die Menschen zu mögen scheinen und die Hunde schlichtweg hassen, oder darin, ihnen einen trockenen Getreidekeks zu geben, wenn sie ein Stück Fleisch haben möchten

---

[6] Und seien wir ehrlich – die Wahrscheinlichkeit ist hoch, dass mindestens einer in der Gruppe schlechter sein wird als Sie, was absolut bestärkend auf diejenigen von uns wirken kann, die wie die beiden Autorinnen dieses Buches ganze Softballspiele damit verbracht haben, in der Mitte des Feldes zu stehen und zu denken: »Bitte schlag den Ball nicht zu mir! Bitte schlag den Ball nicht zu mir!«

oder mit dem Hund neben ihnen spielen wollen. Gut geführte Gruppen mit Trainern, die wissen, wie man positiv bestärkt, machen Ihrem Hund so viel Spaß, dass er am liebsten die Tür einrennen möchte, um in den »Klassenraum« zu kommen. Wenn er nicht gern auf das Trainingsgelände geht, denken Sie gründlich darüber nach, was hier vor sich gehen könnte. Ein guter Trainer kann Ihnen in diesem Fall wertvolle Ratschläge geben und Ihnen vielleicht zu einer anderen Gruppe oder dem Spielen zuhause raten. Auf den nächsten Seiten finden Sie eine Aufzählung der häufigsten Gruppensportarten, die Sie mit Ihrem Hund betreiben können, der Spiele, die Sie jeweils dabei lernen und ein paar Anmerkungen dazu, welche Art von Hunden (und Menschen) die jeweiligen Sportarten mögen.

Agility

Agility ist ein Teamsport, in dem Hund und Besitzer einen Hindernisparcours mit Sprüngen, Tunneln, Wippen und Slalomstangen durchlaufen. Manche Hunde lieben Agility und es macht einen Riesenspaß, ihnen zuzuschauen, auch wenn der eigene Hund gerade nicht an der Reihe ist. Agility ist in vielen Ländern ein stark wettkampforientierter Sport geworden – wer ihn ernsthaft betreibt, arbeitet oft täglich viele Stunden lang daran, die eigene Zeit um eine Zehntelsekunde zu verbessern. Sie können es aber auf jedem Niveau spielen – Sie können es sowohl dabei belassen, Ihrem Hund im Garten das Überspringen einiger Hindernisse beizubringen als auch einer Mannschaft beitreten und nach der Goldmedaille streben. Wenn Sie das absolute Anfängerstadium hinter sich haben, laufen die Hunde immer ohne Leine, was bedeutet, dass dieser Sport einen gut ausgebildeten Hund mit Impulskontrolle voraussetzt.

Zum Teil macht Agility sowohl den Teilnehmern als auch den Zuschauern deshalb so viel Spaß, weil es dabei ziemlich heiß und aufregend hergehen kann – was bedeutet, dass Hunde, die nicht gut mit Aufregung umgehen können, für diesen Sport nicht geeignet sind. Auch wenn der Hund derjenige ist, der die Sprünge macht und Slalom läuft, muss der Mensch doch fit genug sein, um mit ihm mithalten zu können – Agility ist definitiv kein Sport für Sesselrutscher beider Spezies! Es muss außerdem mit gewissen Sicherheitsregeln betrieben werden, denn Ihr Hund kann sich verletzen, wenn er nicht von Anfang an richtig trainiert wird oder wenn er körperliche Schwachstellen hat, die durch diesen rasanten Sport verschlimmert werden könnten. Wenn Sie diese Vorbehalte bedenken, kann Agility für manche Hunde das Beste sein, was ihnen passieren kann, weil es ihnen Selbstvertrauen und eine Lebensfreude gibt, die man nur zu gerne anschaut.

Fährtensuche

Diese Aktivität ermöglicht dem Hund das Ausnutzen seiner natürlichen Fähigkeiten zum Verfolgen der Spur eines bestimmten Menschen oder eines Objektes. Auch dieses Spiel können Sie rein zum Spaß oder wettkampfmäßig betreiben, allerdings müssen Sie etwas über die Welt der Gerüche lernen, bevor Sie damit anfangen können. Wir Menschen lassen Gerüche sehr oft außer Betracht, weshalb wir sehr gut aufpassen müssen, wie wir unseren Hunden das Verfolgen einer Spur beibringen, um sie dabei nicht unabsichtlich zu verwirren und eine Geruchsspur zu zerstören, die wir selbst gar nicht wahrnehmen können. Genau wie Agility ist es deshalb eins der Dinge, die man am besten von jemandem lernt, der den Sport gut kennt und weiß, wie man ihn anderen beibringt. Fährtensuchen ist eine wunderbare Möglichkeit, um draußen Zeit mit seinem Hund zu verbringen – besonders, wenn man etwas über die Welt der Gerüche lernen möchte, die einen so wichtigen Platz im Leben Ihres Hundes einnimmt. Es beinhaltet viel Bewegung sowie das Tragen von Markierungsfähnchen, Kartenskizzen der von Ihnen gelegten Fährte und weiterer Ausrüstungsgegenstände, weshalb gewisse organisatorische Fähigkeiten sehr hilfreich sind. Fährtensuche kann ganz wundervoll für Hunde sein, die ein bisschen mehr Selbstvertrauen brauchen. Es geht nichts darüber, einem Hund zu zeigen, wie er seine gesamten Fähigkeiten von der Nase bis zur sportlichen Laufleistung ausnutzen kann, um seinen inneren Superhund zum Vorschein zu bringen!

Flyball

Flyball ist ein Sport, der sich aus einem in den späten 1960er Jahren gelegentlich in Südkalifornien gespielten Spiel entwickelt hat. Im Flyball rennen zwei Staffelmannschaften aus Hunden auf Parallelbahnen über eine Reihe von Hürden, fangen einen Tennisball, der aus einer Box geschossen wird, wenn der Hund einen Hebel betätigt und rennen dann über die Hürden zurück zur Start- und Ziellinie. Sobald der erste Hund die Ziellinie überquert, wird er vom nächsten Hund der Mannschaft abgelöst, genau wie bei einem Staffellauf. Typische Flyball-Hunde sind ganz versessen aufs Apportieren, lieben Tempo und Aufregung und lassen sich von hoher Anstrengung nicht abschrecken. Außerdem müssen sie in körperlicher Spitzenverfassung sein. Menschen, die Flyball mögen, müssen sich kaum bewegen, aber ihre Ohren müssen dem Dauerbellen der Hunde gegenüber taub sein! Flyball ist ein hochanstrengender, aufregender Sport und ein großer Spaß für die richtigen Teilnehmer, aber es macht nicht jedem Hund Spaß.

Mushing

»Mushing« bedeutet nicht etwa, dass wir unseren Hund auf dem Sofa füttern und sein pelziges Gesicht knutschen, auch wenn vielleicht eines Tages jemand auf die Idee kommt, wie man auch daraus einen Wettkampfsport machen könnte. Mushing ist vielmehr die Bezeichnung für Schlittenhunderennen oder alle anderen Aktivitäten, bei denen der Hund etwas zieht, zum Beispiel einen Schlitten, einen Wagen oder Sie auf Skiern (in diesem Fall heißt es Skijöring). Es ist eine prima Möglichkeit, dem Hund Bewegung zu verschaffen und eine eher befriedigende Methode, endlich zu Ihrem eigenen Vorteil auszunutzen, wenn der Hund Sie immer durch die Gegend zieht. Es versteht sich von selbst, dass dieser Sport nicht für alle Hunde geeignet ist – Möpse und Chihuahuas werden im Allgemeinen kaum auf Zugprüfungen gesichtet –, aber Sie müssen auch nicht unbedingt einen Alaskan Malamute besitzen, um mitmachen zu können. Gesunde Hunde, besonders solche, die gerne rennen, können viel Spaß dabei haben, ihre Energie in etwas Konstruktives umzusetzen.

Dog Dancing (oder »Freestyle Obedience«)

Dog Dancing ist das Tanzen einer Choreographie zu Musik mit dem Hund. Als Patricia zum ersten Mal eine solche Vorführung sah, dargeboten von der berühmten Sandy Davis und ihrem Hund Pepper, kamen Tränen in ihre Augen. Stellen Sie sich vor, wie zwei Individuen unterschiedlicher Spezies ihre Bewegungen gemeinsam zur Musik koordinieren und beide dabei so viel Spaß haben, dass man ihnen am liebsten auf die Schulter tippen möchte, um selbst mitmachen zu dürfen. Dog Dancing erfordert einen Hund, der sich gut konzentrieren kann, gern im Team arbeitet und der gern alle möglichen verrückten Sachen zusammen mit seinem Besitzer macht, wie zum Beispiel rückwärts durch dessen gegrätschte Beine zu gehen. Auch hier gilt wieder, dass Sie diesen Sport auf jedem Niveau betreiben können – Sie können zuhause in Ihrem Wohnzimmer tanzen oder auf internationalen Wettkämpfen.

Hütearbeit

Hütearbeit ist eine weitere Aktivität, die den inneren Caniden Ihres Hundes zum Vorschein bringt und eine wunderbare Möglichkeit, um ihn geistig und körperlich zu beschäftigen. Das Problem an der Hütearbeit ist, dass Sie eine echte Herde dafür brauchen – und es ist nun einmal viel einfacher, ein paar Agility-Hindernisse in Ihren Garten zu stellen als eine Herde Schafe. Wenn Sie kein eigenes Vieh haben, können Sie aber vielleicht jemand in der Nähe finden, dessen Vieh daran gewöhnt ist, von Hunden gearbeitet zu werden und der Ihnen und Ihrem Hund ein paar Unterrichtsstunden gibt. Lassen Sie nie einen unerfahrenen Hund an Vieh, das noch nie von Hunden gehütet wurde (und zwar gut gehütet, will sagen behutsam und freundlich). Das wäre so, als ob Sie einen unerfahrenen Reiter auf ein ungerittenes Pferd setzen würden. Oh je! Hüten ist aufregend und herausfordernd, aber es kann auch durchaus gefährlich sein. Nehmen Sie also unbedingt Unterricht, bevor Sie Ihren Hund in eine Herde großer Tiere mit Hufen oder Klauen schicken.

Obedience

Obedience, wörtlich übersetzt »Gehorsam«, meint in der Hundewelt einen Satz präziser Übungen, die Grundlage für landesweit und sogar international beliebte Wettkämpfe sind. Wenn man Obedience als Spiel mit viel positiver Bestärkung betreibt, können sowohl Training als auch Wettkämpfe dem Hund sehr viel Spaß machen. In den schwierigen Klassen ist intensive Kommunikation zwischen Hund und Besitzer gefordert, sehr viel Präzision (hier geht es um Millimeter!) und jede Menge Energie, was ganz schön anstrengend sein kann. Hüten Sie sich aber vor altmodischen Obedience-Kursen, in denen mit Zwang und Strafe gearbeitet wird. Gutes Obediencetraining ähnelt eher einem Spiel als einer Exerzierstunde in Dominanz und Kontrolle. »Ableger« dieser Sportart sind die weniger formalen Varianten »Rally« und »Canine Good Citizenship«.

Tricks

Tricks in einer Gruppe zu lernen macht besonders viel Spaß. Wenn Ihnen der Abschnitt über Tricktraining in diesem Buch gefallen hat, halten Sie doch einmal nach einem entsprechenden Kursangebot bei sich in der Nähe Ausschau. Das Einüben von Tricks ist wunderbar geeignet, um das im Clickertraining so wichtige präzise Timing zu lernen. Am besten suchen Sie also nach einer Hundeschule, die Tricktraining mit dem Clicker anbietet. Gut geführte Tricktraining-Kurse werden garantiert immer für gute Laune bei Ihnen sorgen – egal, wie hart Ihr Tag war. Selbst wenn Hunde (und Menschen!) dabei durcheinanderkommen, ist das immer noch lustig und Sie bekommen daraus vielleicht sogar Ideen für neue Tricks, die Ihnen sonst nie von allein eingefallen wären. Sie brauchen ein Mittel gegen Depressionen? Nehmen Sie zwei Tricktraining-Stunden und rufen Sie uns dann wieder an!

Spiele

Mancherorts gibt es auch eigene Spielgruppen, die es Ihnen ermöglichen, mit Ihrem Hund und anderen Menschen, die gerne Spaß haben möchten, zu spielen. Solche Spiele können zum Beispiel »Drei gewinnt« sein, bei dem die Hunde als »Spielsteine« auf einem großen Spielfeld ins Platz-Bleib gelegt werden oder Staffelläufe mit bestimmten, an vorgesehenen Stellen von den einzelnen Spielern zu erledigenden Gehorsamsübungen oder Tricks. Man kann auch »Die Reise nach Jerusalem« spielen, indem die Besitzer einen Stuhl durch Draufsetzen »erobern« und dann ihren Hund dort ins Platz-Bleib legen. Eine andere Möglichkeit ist, dass die Mensch-Hund-Teams immer dann ein Spielfeld (z. B. aus auf den Boden gelegten Reifen) weitergehen dürfen, wenn der Hund eine bestimmte Aufgabe erledigt hat wie zum Beispiel um einen Stuhl herumlaufen, seine Nase mit der Pfote berühren oder einen Gegenstand apportieren. Selbst »Wettkämpfe« nur zum Spaß sind möglich – zum Beispiel, wessen Hund mit der größten Begeisterung mit dem ganzen Körper wedeln kann! Es geht einfach nur darum, zu spielen und miteinander Spaß zu haben. *(Das im Kynos Verlag erschienene »Wau Wie Was – Wissens- und Aktionsspiele für Hundeschule und Freizeitspaß« bietet viele Ideen für solche Spiele. Anm. d. dt. Verlages.)*

Hunde und Menschen, die gerne neue Sachen ausprobieren, immer einen guten Sportsgeist haben, egal, wer gewinnt oder verliert, die sich auch dann noch in der Gruppe wohlfühlen, wenn es ein bisschen hektisch wird und die anderen Menschen und Hunden gegenüber sozial sind, haben vermutlich in einer solchen Spielgruppe viel Spaß. Vielleicht können Sie eine solche Gruppe erst einmal als Zuschauer besuchen, um zu sehen, ob das etwas für Sie und Ihren Hund wäre. In den meisten Hundeschulen wird man nichts dagegen haben.

Spielsachen: Gute, schlechte und quietschende

Einer der Gründe dafür, warum wir uns mit Hunden so gut verstehen, ist sicherlich unsere beiderseitige Liebe zu »Sachen«, selbst dann noch, wenn wir erwachsen sind. Egal ob Spielzeuge geworfen, gejagt, geschüttelt oder in Stücke zerrissen werden – sie sind eine wunderbare Brücke zwischen Individuen, die zwar verschiedene Sprachen sprechen, aber gern miteinander spielen möchten. Spielsachen sind eine gute Methode, Hunde zur Kreativität und Problemlösung anzuregen und um mit ihrem inneren Raubtier in Einklang zu kommen. Spielsachen haben eine nicht enden wollende Reihe von Vorteilen – aber nicht alle Spielsachen sind gleich.

Die richtigen Spielsachen

Ganz bestimmt ist Ihnen aufgefallen, dass der Markt für Hundespielsachen in den letzten Jahren regelrecht explodiert ist. Die Verfügbarkeit von Produkten wie Champagnerflaschen Marke »Dog Pérignon« aus Plüsch, haarigen Winston-Spielzeugen und fressbaren Designerschuhen Marke »Dolce & Grrrbana« verschafft Ihnen jede Menge Auswahl – aber sicher auch einiges an Kopfzerbrechen. Wenn Sie wirklich einmal erleben möchten, was Reizüberflutung bedeutet, dann gehen Sie in einen Zoofachladen und fragen nach »Hundespielsachen«. Wie können Sie angesichts all dieser Auswahl entscheiden, welche Spielsachen für Ihren Hund und Sie richtig sind und welche nicht?

Zum Glück haben Sie einen Experten im Haus – Ihren Hund. Genau wie beim Menschen auch, sind nicht alle Spielzeuge für alle Hunde interessant, also ist wichtig zu wissen, was Ihr Hund eigentlich mag. Manche Hunde lieben weiche Plüschspielzeuge und andere welche aus Hartgummmi, die lustig hüpfen und springen, wenn sie beim Werfen auf dem Boden auftreffen. In manchen Haushalten sind Quietschspielzeuge ganz besonders geschätzt, in anderen werden sie völlig ignoriert. Denken Sie daran: Ihr Hund bestimmt, womit er spielen möchte! So teuer das Spielzeug oder so gut die Werbeanzeige dafür auch gewesen sein mag – wenn er es nicht mag, lohnt sich die Ausgabe nicht.

Nehmen Sie sich ein paar Minuten zum Überlegen Zeit, welche Spielsachen Ihr Hund am liebsten mag. Verspielte Hunde lieben wahrscheinlich alle möglichen

Spielsachen, aber auch sie haben meistens Favoriten, mit deren Hilfe Sie das Training fröhlicher und effektiver gestalten können. Manchmal ist es sinnvoll, diese ganz besonderen Spielsachen beiseite zu legen und den Hund für ein paar Wochen ausschließlich während der Trainingsstunden damit spielen zu lassen.

Falls Ihr Hund nicht verrückt nach Spielsachen ist, ist das kein Problem, aber es könnte trotzdem einen Versuch wert sein, ob Sie nicht vielleicht sein Interesse an Gegenständen ein wenig fördern könnten. Manche Hunde lernen Spielsachen zu schätzen, nachdem man ihnen mit Futter gefüllte Hohlspielzeuge gegeben hat. Ein paar Wochen lang gefrorenes Futter aus einem Kong® schlecken kann Wunder wirken. Auch die Spielzeuge abzuwechseln hilft Langeweile vorzubeugen – offensichtlich trifft das Klischee »Allzugroße Vertrautheit erzeugt Verachtung« auch auf Hunde zu. Lassen Sie nur drei oder vier Spielsachen jederzeit zugänglich herumliegen und räumen Sie die anderen weg. Etwa einmal in der Woche tauschen Sie ein paar davon gegen andere aus. So können Sie immer für den Reiz des Neuen sorgen, ohne den Umsatz Ihres nächstgelegenen Zoofachladens allein bestreiten zu müssen. Aber auch hier gilt: Verzweifeln Sie nicht, falls Ihr Hund nicht an Spielsachen interessiert ist. An anderen Stellen dieses Buches sind genügend andere Spielmöglichkeiten beschrieben.

Da Sie Ihren Hund (Gottseidank) nun einmal nicht zum Einkaufen schicken können, liegt es an Ihnen, Spielsachen zu finden, die ungefährlich sind, Spaß machen und so widerstandsfähig sind, dass sie länger halten als bis zum Entfernen des Preisschildes. Vorteilhaft ist auch, wenn sie nicht horrend teuer sind und keine solchen Schmerzen verursachen, wenn Sie mitten in der Nacht versehentlich darauf treten, dass Sie mit nicht gerade jugendfreien Flüchen um sich werfen. Tatsächlich entspricht nur ein überraschend kleiner Teil der oben genannten Spielzeuge diesen Anforderungen.

Sicherheit geht vor. Sicherheit ist Thema Nummer eins. Leider haben viele auf dem Markt erhältliche Spielzeuge in dieser Hinsicht ernsthafte Mängel, die sie gefährlich machen können. Viele bestehen aus dünnem Plastik oder billigem Gummi, der sich leicht zerbeißen lässt und verschluckt werden kann und damit die Luftwege oder den Verdauungstrakt Ihres Hundes blockieren kann. Auch Seilspielzeuge und Rohhaut-Knochen können zu Erstickungsproblematiken führen, weshalb Aufsicht entscheidend wichtig ist, sobald Ihr Hund seine Pfoten oder sein Maul an einem von diesen Dingen hat. Die sichersten Spielzeuge zerfallen nicht in Einzelteile, haben keine scharfen Kanten und bestehen aus den ungefährlichsten Materialien, die man sich nur vorstellen kann. Hunde, die gut im Kauen und Zerbeißen sind, bekommen am besten rundlich geformte Spielsachen, die so groß sind, dass sie nicht zwischen die hinten in ihren Kiefern gelegenen Molaren passen – diejenigen Zähne, die zum Zerbeißen der Gliedmaßenknochen großer Paarhufer wie zum Beispiel Elchknochen gedacht sind. Spielsachen müssen so groß sein, dass sie nicht verschluckt werden können – achten Sie also darauf, dass sie die richtige Größe für Ihren Hund haben und dass Sie kleine Welpenspielzeuge aussortieren, wenn Ihr Hund wächst. Wenn Sie sich nicht sicher sind, ob ein Spielzeug für Ihren Hund zu klein sein könnte, ist es wahrscheinlich genau das – also seien Sie im Zweifelsfall lieber vorsichtig und legen Sie es weg. Es kann zwar helfen, wenn Sie Ihren Hund beim Spielen beaufsichtigen, aber es kann Probleme nicht immer vermeiden.

Auch das Material ist wichtig. Manche Spielzeuge sind aus Bestandteilen gemacht, die für Hunde ungesund sein könnten. Zwar wurden in den letzten Jahren häufig Kinderspielzeuge aus solchen Gründen von den Herstellern zurückgerufen, aber es wäre allzu optimistisch, davon auszugehen, dass die Hersteller von Hundespielzeugen stets die Sicherheit unserer Hunde im Kopf hätten. Seien Sie deshalb unbedingt ein kritischer Verbraucher und kaufen Sie nur von Firmen, die ihre Spielsachen aus gesundheitlich unbedenklichen und möglichst auch recycelbaren Rohstoffen herstellen.

Haltbarkeit und nochmals Haltbarkeit. Eine weitere Überlegung beim Kauf von Hundespielsachen hat weniger mit Sicherheit zu tun als mit der Frage, wie lange sie halten werden. Wenn ein Spielzeug schon nach einmal Spielen kaputt geht, brauchen Sie schon einen wirklich zwingenden anderen Grund, um es zu kaufen. Ihr Gehalt in teure, mit Watte gefüllte Plüschtiere zu investieren, die innerhalb von Minuten zu Kleinteilen zerschreddert werden, ist vermutlich nicht der beste Weg, um Ihr hart verdientes Geld auszugeben. Manchmal ist der Preis aber auch gerechtfertigt. Möglicherweise ist ein Plüschtier sein Geld wert, wenn es Ihren Hund an Silvester vom Durchdrehen abhält. Andere Gelegenheiten, zu denen sich der Kauf nicht lange haltbarer Spielsachen lohnen kann, könnte zum Beispiel ein Besuch der Schwiegereltern sein, zu dem der Hund unbedingt sein bestes Benehmen an den Tag legen muss. Oder wenn er aus irgendeinem Grund »Boxenruhe« einhalten muss, wenn Sie an einem ernsthaften Verhaltensproblem arbeiten und unbedingt ein absolutes Lieblingsspielzeug Ihres Hundes brauchen, um einen Erfolg zu erreichen, oder wenn Sie Ihrem Hund (und sich!) einfach eine Extra-Belohnung zukommen lassen möchten.

Laserspielzeuge. Ein letztes Wort der Warnung noch, bevor wir uns endlich wieder mit dem Spielen befassen. Laserspielzeuge können Hunde stundenlang beschäftigen, indem sie Lichtpunkte schaffen, die wie verrückt gewordene Mäuse umhersausen, die Ihr Hund nie wirklich fangen kann. Sie haben aber auch den Hundetrainern und Verhaltensexperten einen enormen Zulauf an Kunden beschert, weil sie bei nicht gerade wenigen Hunden zur Entwicklung von zwanghaften Verhaltensmustern geführt haben: Zu Hunden, die stundenlang die Wand anstarren und warten, dass endlich ein Sonnenstrahl erscheint oder die so heftig auf das Licht von Autoscheinwerfern reagieren, dass sie nicht mehr spazieren gehen können. Fazit? Es ist das Risiko nicht wert!

Angesichts all der oben aufgeführten Warnungen glauben Sie nun vielleicht, dass nur noch ein paar wenige Spielzeuge für Sie und Ihren Hund übrig bleiben. Aber es gibt Hunderte von Spielsachen – so viele, dass in diesem kleinen Buch nicht genug Platz ist, um all die guten und erstaunlichen Spielzeuge aufzuzählen, die heutzutage erhältlich sind – ganz zu schweigen von denen, die ständig als Neuerfindungen hinzukommen.

Hier folgt eine ganz und gar nicht vollständige Empfehlungsliste, die Sie leiten und inspirieren soll.

Wurf- und Apportierspielzeuge

Klar können Sie Ihrem Hund einfach Stöckchen werfen – aber nicht jeder hat einen Garten voller Stöckchen. Außerdem machen sich nicht alle Hunde viel aus ihnen und Stöckchen können überdies gefährlich sein und Ihren Hund verletzen. (Oh je, schon wieder ein erhobener Zeigefinger!) Zum Apportieren eignen sich besser Bälle, Frisbeescheiben oder andere ungefährliche Gegenstände, die Ihr Hund so gerne mag, dass er ihnen nachjagt und sie zurückbringt.

Runde, rollende Dinge

Runde, rollende Gegenstände sind wohl bei Mensch und Hund das beliebteste Spielzeug aller Zeiten. (Ist Ihnen schon einmal aufgefallen, dass dem Schicksal von Bällen – Tennisbällen, Fußbällen, Basketbällen, Golfbällen – im Fernsehen genauso viel Zeit gewidmet wird wie den Weltnachrichten?)

Der Goldstandard für Apportierspielzeuge ist der Tennisball, nur selten gab es je ein billigeres, vielseitigeres Spielzeug, das sowohl für den Hund als auch für uns gut ist. Der Nachteil von Tennisbällen ist, dass sie schon nach wenigen Würfen schleimig und dreckig sind und dass die Hunde ihre Zähne abnutzen können, wenn sie den Filzbelag abkauen. Wenn der glitschige Schleim Sie abstößt, besorgen Sie sich eine spezielle Ballschleuder aus Plastik wie zum Beispiel *Chuckit!*, mit der Sie den Ball aufheben und werfen können, ohne ihn anfassen zu müssen.

Aber lassen Sie es dabei noch nicht bewenden. Es gibt eine ungeheure Fülle an runden, rollenden Dingen in der Welt und Sie müssen darunter nur das richtige für Ihren Hund finden. Zu den Favoriten im Haushalt McConnell zählen der »Orbee Ball« von Orbee-Tuff® und die »Strawberry with Treat Spot« vom gleichen Hersteller. Das ballähnliche, aus dem Spezialmaterial Zogoflex® hergestellte Spielzeug »Huck« von West Paw Design springt, schwimmt, hüpft beim Auftreffen unvorhersehbar und ist eine reine Freude für Hunde, die gerne Sachen mit ihren Pfoten herumschieben. Diese Spielsachen sind obendrein aus umweltfreundlichen Materialien hergestellt und können sogar recycelt werden. Wenn Sie es beim Apportieren noch aufregender haben möchten, versuchen Sie es einmal mit der Las Vegas-Version eines einfachen Balls – dem blinkenden »Fetch & Flash®«-Ball.

Nicht alle Wurfspielzeuge müssen rund sein. Ruff Dawg stellt »The Stick« her, ein stöckchenförmiges Spielzeug aus Gummi, das Ihren Hund nicht verletzen kann und super zu fangen ist. Die Leute von Kong® haben eine große Auswahl an Spielsachen in allen möglichen Formen entworfen, die ähnlich wie Tennisbälle mit Filz überzogen sind und die sich zum Werfen, Apportieren und Herumschießen eignen. Vielleicht mögen Sie und Ihr Hund auch den Slobber-Wick™ Squeak Buddy von Planet Dog's. Er ist weder Plüsch noch Plastik, sondern besteht aus einem Gewebe, das irgendwie Hundespucke aufsaugt, ohne selbst glitschig zu werden und aufzuquellen. Es sieht aus wie ein Lebkuchenmännchen, hat ein eingebautes Quietschteil und hält selbst den entschlossensten Zerstörern von Quietschspielzeugen stand. Unsere hündischen Testexperten liebten es! (Es gibt übrigens auch ein Modell ohne Quietschteil, falls Ihr Hund oder Sie geräuschempfindlich sind.)

Es gibt mindestens noch eine Million weiterer Möglichkeiten und wir können nur einen ganz kleinen Teil davon abdecken. Manchmal müssen Sie ein wenig experimentieren, bis Sie das Lieblingsspielzeug Ihres Hundes gefunden haben – und diejenigen, die er für uninteressant befunden hat, können Sie ja immer noch dem lokalen Tierheim schenken.

Scheibenförmige Spielzeuge

Manche Hunde haben Spaß daran, olympiaverdächtige Sprünge in ihre Fangspiele einzubauen, was eine prima Möglichkeit der körperlichen Auslastung sein kann, wenn man dabei die Sicherheit nicht außer Acht lässt. Nach Erfindung der Frisbee®-Scheibe dauerte es nicht lange, bis auch Hunde sich an diesem Vergnügen beteiligten. Schon vor geraumer Zeit ist eine ganze eigene Welt von »Disc Dogs« entstanden, und heute gibt es sogar spezielle Hunde-Versionen der fliegenden Scheibe. Sie müssen wissen, dass eine normale Frisbee®-Scheibe die Zähne eines Hundes beschädigen kann, weshalb Sie unbedingt die speziell für Hunde gemachten Scheiben benutzen sollten. Es gibt verschiedene Hersteller für verschiedene spezielle Hunde-Scheiben, die aus weicherem und splitterfreiem Material gefertigt sind. Die »Soft Bite Floppy Disc« schwimmt sogar und hat einen heiß aussehenden pinkfarbenen Rand, der das Wiederfinden nach einem Fehlwurf erleichtert. (Hier sprechen wir mit der Stimme der Erfahrung: Karen hat diese Scheiben schon unter Büschen, hinter Zaunpfosten und auf Müllhaufen wiedergefunden und bis heute noch keine verloren.) Die Scheibe »Zisc«™ von West Paw ist weich, signalfarben, leicht zu werfen und scheinbar unverwüstlich. Die »Tug'n Toss« von Chewber ist eine nette, vielseitige Variante – man kann sie zum Werfen, Ziehen und sogar als Wassernapf verwenden. Nach einem Jahr harten Einsatzes auf Patricias Farm sieht sie immer noch wie neu aus – sie ist so etwas wie das Schweizer Messer unter den Hundespielsachen!

Ein Wort der Warnung: Hunde sind nicht dazu gebaut, einen Meter hoch in die Luft zu springen, sich dabei in der Luft zu drehen, um etwas mit ihrem Maul zu fangen und dann so gut wie möglich wieder zu landen. Fragen Sie Ihren Tierarzt, ob Ihr Hund fit genug zum Frisbeespielen ist, spielen Sie auf ebenem Untergrund und verlangen Sie nie zu viel auf einmal von Ihrem Hund. Trotz all dieser »Abers« – Hunde scheinen die Herausforderung, etwas im Flug zu fangen, ebenso sehr zu lieben wie wir es genießen, ihnen dabei zuzuschauen. Es ist also eine prima Möglichkeit, um Geist und Körper Ihres Hundes gleichermaßen zu beschäftigen.

Ziehspielzeuge

Ziehspielzeuge können aus den unterschiedlichsten Materialien hergestellt sein, müssen aber so lang sein, dass das Maul Ihres Hundes mindestens fünfzig Zentimeter von Ihren Händen entfernt bleibt. Selbst der beste Hund kann im Eifer des Gefechts so überdrehen, dass er versehentlich Ihre Finger anstatt des Spielzeugs erwischt. Das billigste Ziehspielzeug ist einfach ein dickes, verknotetes Seil, aber vielleicht ist es für Sie genauso einfach, ein fertiges Ziehspielzeug in einem Zoofachladen zu kaufen. Von Kong® gibt es zum Beispiel ein spezielles Ziehspielzeug mit Griffen namens »Tug Toy«. »Flossy Chews«® und »Fleecy Cleans«™ sind lange, dehnbare Flechtseile, die aus einem Material bestehen, das gleichzeitig für eine

Zahnreinigung sorgen soll. Sie werden nicht so glitschig wie manch andere Zerrseile und nehmen auch den Duft »Eau de Hunde-Mundgeruch« nicht so stark an. Es gibt auch eine Produktreihe von Hundespielzeugen, die aus dem Material für Feuerwehrschläuche hergestellt werden und »Fire Hose« heißen. Wie wir uns haben sagen lassen, mögen aber auch andere Hunde außer Dalmatinern diese Sachen. (Entschuldigung für den kleinen Scherz am Rande.) Große Hunde sollten Sie damit nicht allein lassen, weil sie sie in Kleinteile zerbeißen könnten, aber für die meisten Hunde sind es tolle Ziehspielzeuge.

Selbstständiges Spielen mit Denkspielzeugen

Dieses Buch beschäftigt sich zwar vorrangig damit, wie Sie am besten gemeinsam mit Ihrem Hund spielen können, aber wir sollten auch kurz über Spielsachen sprechen, mit denen Ihr Hund sich alleine beschäftigen kann. Der eigentliche Zweck von Hundespielzeugen besteht nicht unbedingt darin, uns einen Moment Zeit zum Kaffeetrinken oder Zeitunglesen zu verschaffen, aber bestimmt haben wir alle sie schon einmal zu genau diesem Zweck benutzt! Das ist auch keine schlechte Sache – es tut Hunden gut, wenn sie lernen, auch einmal für sich allein zu spielen. Viele Spielsachen können außerdem Kopf und Körper Ihres Hundes ohne Beteiligung von Ihrer Seite beschäftigen. Spezielle »Denkspielsachen« beschäftigen Gehirn, Nase und Pfoten des Hundes, wenn er herauszufinden versucht, wie er an die von Ihnen darin versteckten Leckerchen kommen soll. Jedes dieser Spiele verlangt vom Hund eine gewisse Mischung aus Geschicklichkeit, Nachdenken, Geduld und manchmal auch Geruchssinn. Im Schwierigkeitsgrad reichen sie vom »Hunde-Kindergarten« bis hin zur Raumfahrtwissenschaft für Hunde.

Solche Hundespielzeuge haben viele Vorteile, darunter die Tatsache, dass sie geistige Anregung, Übung im Lösen von Problemen und die Chance zur Verbesserung von Koordination und Geschicklichkeit bieten – und die Freude darüber, neue Herausforderungen gemeistert zu haben. Hunde sind schließlich geborene Problemlösungsspezialisten, und wie für alle anderen Tiere auch gehört es zu ihrem natürlichen Repertoire, dass sie sich ihr Futter erarbeiten müssen. Geistige Beschäftigung ist genauso wichtig wie körperliche Bewegung, da viele Hunde genauso stark unter Langeweile wie unter Bewegungsmangel leiden.

Die einfachsten dieser Spielzeuge sind innen hohl und werden mit Futter gefüllt, sodass Ihr Hund kauen, lecken und seine Pfoten benutzen muss, um es dort herauszubekommen. Hunde können enorm viel Zeit mit dem Herausarbeiten des Futters verbringen, indem sie das Spielzeug entweder mit den Pfoten festhalten und den Inhalt herauslecken oder indem sie es umherkegeln, sodass das Futter hinausfällt. (Wenn Sie das Spielzeug mit Dosenfutter oder anderem feuchten Futter füllen und dann einfrieren, können Sie Ihren Hund damit wirklich lange beschäftigen!) Eine prima Möglichkeit, Ihrem Hund sowohl Futter als auch mentale und körperliche Beschäftigung zu geben. So können Sie außerdem viel dazu beitragen, dass Ihr Hund jeden Tag »Das Leben ist spannend!« denkt, und dabei ist es für Sie ganz wenig Aufwand. Super, oder?

Mit Futter befüllbare Spielzeuge können auch bis dato eher uninteressierte Hunde dazu bringen, sich mit Spielsachen zu beschäftigen, was allein sie schon wertvoll macht. Die Urmutter aller Futterspielzeuge wird von Kong® hergestellt, und wir hätten uns schon vor fünfzehn Jahren mit einem Vorrat daran eindecken sollen. Heute kann man sich das Leben ohne einen Kong® kaum noch vorstellen – es wäre etwa so wie ein Leben ohne Tesafilm oder Haftnotizzettel. Kongs® sind leicht zu befüllen, passen von der Form her gut zum Hundemaul und bestehen aus dem gleichen unzerstörbaren Gummi wie Flugzeugreifen. Der Kong® ist zwar das bekannteste Futterspielzeug, aber nicht das einzige. Zur Abwechslung oder zum Experimentieren, welches Ihr Hund am liebsten mag, können Sie es auch einmal mit »Orbo« von Orbee-Tuff® oder dem Knochen (»Bone«) des gleichen Herstellers versuchen.

Manche Bälle oder Würfel muss der Hund umherschieben, damit die darin enthaltenen Futterstückchen herausfallen. Die Kombination eines enthusiastischen Hundes und eines harten Fußbodenbelages kann zu einem Geräuschpegel führen, der ungefähr dem einer startenden Boeing entspricht. Wenn Sie sehr lärmempfindlich sind, sollten Sie diese Spielsachen also besser nicht kaufen. Der IQube™ und der Intellibone™ sind leiser, wurden aber auch mit der Absicht zur Vermittlung höherer hündischer Bildung entworfen. Hunde können stundenlang glücklich mit den beweglichen Teilen spielen und dabei lernen, ihre Pfoten, Nasen und Zähne einzusetzen und einen Gegenstand zu manipulieren. Viele Hunde können sich lange Zeit damit beschäftigen, ohne dass Sie sich beteiligen müssen. (Manche Hunde finden es aber besonders toll, wenn Sie Teile wieder zusammensetzen oder Teile des Spielzeugs in anderen Teilen des Spielzeugs verstecken.)

Ein anderer Typ von »Problemlösungs-Spielzeugen« wird nicht mit Futter befüllt, sondern funktioniert über die immer wieder verführerischen Quietscher. Manche Hunde lieben nichts mehr, als die teuren Sachen, die wir ihnen aus dem Zoofachladen mitbringen, zu zerreißen und zu zerstören – also können Sie auch gleich Zugeständnisse an das innere Raubtier Ihres Hundes machen und eine Möglichkeit finden, wie er diese Neigung gefahrlos und schonend für Ihren Geldbeutel ausleben kann. Beliebte Versionen dieser Art sind zum Beispiel »eierlegende« Stofftiere mit darin versteckten, herausnehmbaren und quietschenden Eiern oder ein Streifenhörnchen mit Klettband-verschlossener Tasche, in dem sich ein Quietschelement befindet. Die »Rip'em«-Tiere von Booda (wörtlich: Zerreiß sie!) sind eine andere Art von Spielsachen nach dem Motto »Wenn du deinen Gegner nicht besiegen kannst, dann schlag dich auf seine Seite!«. Die einzelnen Körperteile dieser Tiere sind mit starken Klettbändern am Rumpf befestigt und können auf verschiedene Weise wieder angesetzt werden. Viele Hunde scheinen das reißende Geräusch des sich öffnenden Klettverschlusses und das Gefühl des Auseinandernehmens zu mögen.

Die vermutlich anspruchsvollsten Spielzeuge auf dem Markt sind derzeit die der »Zoo Active«-Reihe von Nina Ottoson. Es sind hochwertige Holzspielzeuge, bei denen der Hund Löcher in eine Reihe bringen oder Teile verschieben bzw. drehen muss, um an die Leckerchen heranzukommen. Diese Sachen sind zwar teuer, aber auch sehr haltbar und darüber hinaus sogar noch eine attraktive Ergänzung Ihrer Wohnungseinrichtung, was bei Hundespielzeugen ansonsten eher selten ist. Die Spiele reichen im Schwierigkeitsgrad vom sehr einfachen und gut für den Anfang geeigneten »Dog Brick« bis hin zu Modell »The Twister«, das schon eine sehr hohe Herausforderung an den Hund darstellt.

Es gibt noch eine Riesenmenge anderer Spielsachen auf dem Markt – wir erwähnen hier nur ein paar davon, um Sie neugierig zu machen, sich selbst umzuschauen und herauszufinden, was für Sie und Ihren Hund am besten funktioniert. Manche Hunde sind mit ein paar Spielsachen zufrieden, mit denen sie immer wieder spielen, andere scheinen Spaß daran haben, mehr oder weniger regelmäßig etwas Neues zu bekommen. Auf jeden Fall scheinen aber die meisten Hunde »Denkspielzeuge« in der ein oder anderen Form sehr zu mögen.

Natürlich können die meisten dieser Spielzeuge auch zum gemeinsamen Spielen mit dem Hund benutzt werden. Karens Hund Bugsy, der ständig Hummeln im Hintern hat, lernte mit dem eben beschriebenen Streifenhörnchen endlich das Apportieren. Er brachte das Spielzeug stets pflichtbewusst zurück, weil er nie herausfand, wie man es aufmacht und wartete darauf, dass Karen ihn mit Leberkeksen für seine harte Arbeit bezahlte.

Uns ist bewusst, dass unsere Spielzeugempfehlungen schon morgen nicht mehr aktuell sein können, weil ständig neue Hundespielzeuge auf den Markt kommen.

Wir können dagegen nicht viel tun, außer Ihnen dringend zu empfehlen, Ihre Fühler immer wieder nach guten neuen Spielsachen auszustrecken. Es ist noch gar nicht so lange her, dass Hundespielsachen sich auf Stöckchen und Tennisbälle beschränkten – also freuen Sie sich über die große Auswahl und versuchen gleichzeitig, die Ausgaben in vernünftigem Rahmen zu halten. Schauen Sie immer mal wieder auf den Internetseiten derjenigen Firmen vorbei, die Ihre Lieblingsspielsachen herstellen – die Chancen stehen gut, dass man dort schon bald wieder etwas tolles Neues für Sie hat!

Spielend zum gehorsamen Hund

Eine der größten Freuden des Lebens besteht sicherlich darin, seinen Hund zu rufen und dann zu sehen, wie er auf der Stelle kehrtmacht und mit fröhlichem Gesichtsausdruck angerannt kommt. Einen gut erzogenen Hund zu haben, der alles tut, was Sie von ihm verlangen, ist wirklich eine wunderbare Sache. Einer der besten Wege dahin ist, Training und Spiel miteinander zu kombinieren, sodass »Gehorsam« ein fröhliches Spiel wird, dass Sie und Ihr Hund miteinander spielen. Spiele sind großartige Ausbildungswerkzeuge und es lernt sich wesentlich leichter, wenn man dabei Spaß hat. Wir alle wissen, dass das Lernen von Spielregeln sich deutlich anders anfühlt als das Lernen von etwas, dass wir wohl oder übel in unseren Kopf hämmern müssen. Spiel motiviert Hunde außerdem sehr stark, und zwar mitunter stärker als alles andere, das wir ihnen anbieten können. Sprengstoff- und Drogenspürhunde werden oft mit Spiel als Bestärkung ausgebildet, weil ihre Trainer festgestellt haben, dass Spielen in dieser Situation effektiver ist als Futterbelohnung. Die wunderbare Ironie des Spielens besteht darin, dass man seine unbeschwerte Begeisterung dazu nutzen kann, dem Hund ernsthafte Fähigkeiten beizubringen.

Wir sind nicht sicher, welcher Aspekt des Spielens zum Trainieren von Gehorsam besser ist – die Tatsache, dass es Spaß macht oder die, dass es so gut funktioniert. Und welch eine erfrischend andere Perspektive im Gegensatz zu »Du musst Sitz machen wenn ich Sitz sage, weil du mich als Alpha-Rudelführer respektierst«. Wir sagen dazu nur: Alpha-Schmalpha! Uns ist keine einzige sozial organisierte Spezies bekannt, in der ein rangniedrigeres Mitglied zum Hinsetzen oder Hinlegen auf Befehl aufgefordert wird. Und außerdem – wer möchte schon einen Hund, der nur deshalb tut, was wir ihm sagen, weil er Angst vor dem hat, was passiert, wenn er nicht gehorcht?

Wir möchten, dass unsere Hunde deshalb auf uns hören und reagieren, weil sie gelernt haben, dass es ihnen Spaß macht. Und das ist der Punkt, wo das Spielen ins Spiel kommt. Sie können es nutzen, um Ihrem Hund verständlich zu machen, was Sie von ihm möchten, um ihn selbst dann auf sich aufmerksam zu machen, wenn er abgelenkt ist und – was vor allem wichtig ist – um Ihrem Hund gute Manieren beizubringen, ohne dass Ihre Beziehung zu ihm darunter leidet.

Spielen und »Gehorsam« gehen Hand in Hand, wenn man einmal näher darüber nachdenkt. Alle Spiele, die Kinder miteinander spielen, haben Regeln – zu lernen, wie man spielt, setzt also voraus, dass man Regeln lernt und sich an sie hält, während man gleichzeitig Spaß hat. Schauen Sie nur einmal kleinen Kindern zu, die zum ersten Mal Baseball spielen: Manche laufen zur ersten Base, ohne den Ball geschlagen zu haben und rennen dann triumphierend zur Home Plate, während alle lachen und rufen: »Nein Nein! Du musst zuerst zur zweiten Base laufen!« Welpen beginnen mit dem Spielen ganz genauso, nämlich mit zunächst geringem Verständnis für die sozialen Regeln – sie beißen Ihnen in die Haare oder schnappen sich die TV-Fernbedienung und versuchen damit Fußball zu spielen. Aber sowohl Welpen als auch Kinder haben ein angeborenes Verständnis dafür, dass Spiele Regeln haben und sind bereit, diese von Älteren oder Angehörigen ihrer sozialen Zielgruppe zu lernen.

Das bedeutet, dass die »Standard-Gehorsamsbefehle« (klingt das jetzt nicht altmodisch?) wie »Sitz«, »Platz« und »Bleib« so ins Spiel eingeflochten werden können, dass ein Teil des Spaßes aus der Befolgung der Regeln besteht. Mit einer lockeren Einstellung und dem Einsatz des Spielens als fröhlicher Bestärkung können Sie zu einem Hund kommen, der so gut trainiert ist, dass Sie mit ihm Ihren eigenen Film drehen könnten.

Wie schon zuvor erwähnt, funktioniert Spielen nur dann als Bestärkung, wenn Ihr Hund auch wirklich gerne spielt. Folglich müssen Sie wissen, welche Art von Spiel Ihren Hund glücklich macht, bevor Sie loslegen. Zögern Sie dabei nicht, zu experimentieren und das Spielrepertoire Ihres Hundes zu erweitern, denn am besten ist es immer, wenn man mehr als nur eine Möglichkeit hat, mit seinem Hund zu spielen. Was das Spielen so wirkungsvoll macht, ist, dass Sie es schaffen, erfolgreich die Aufmerksamkeit Ihres Hundes auf sich lenken zu können, trotz all der spannenden Dinge, die vielleicht um Sie beide herum passieren. Seien wir ehrlich – es ist nun mal schwieriger, für den Hund interessanter zu sein als der Anblick eines am Grundstück vorbeilaufenden Hundes oder als der Geruch eines Eichhörnchens im Gras. Spiele geben Ihnen die Macht, Ihren Hund dazu zu bringen, dass er auf Sie achtet – weil Sie das interessanteste Spiel weit und breit verkörpern. Überlegen Sie sich am besten vorher, auf welche Übungen oder Lektionen Sie sich jeweils konzentrieren möchten. Es ist besser, wenn Ihr Hund auf eine kleinere Anzahl von Signalen perfekt reagiert, anstatt nur teilweise auf eine lange Liste von Kommandos. Bevor Sie nun weiter machen, denken Sie einmal einen Moment darüber nach, welche zwei oder drei Kommandos Ihnen für Ihren Hund am wichtigsten sind, sei es Kommen auf Zuruf oder das ordentliche Gehen an der Leine.

Ein Wort zum Thema Futter

Dass unser Hauptaugenmerk auf dem Thema Spiel liegt, heißt nicht, dass wir Futter zur Bestärkung nicht befürworten würden. Futterbelohnung ist klasse, keine Frage! Wir selbst nutzen sie im Training intensiv. Futter ist perfekt, um die Aufmerksamkeit des Hundes zu bekommen und ihn zu belohnen, wenn er das Gewünschte tut. Wir würden Ihnen niemals raten, Futterbelohnungen von Ihrer Liste der Trainingsmethoden zu streichen, wir möchten aber auch nicht, dass Sie sich auf diese eine einzige Art der Bestärkung beschränken, wie es viele Menschen zu tun scheinen. Aus mehreren Gründen ist es am besten, Spielen als ergänzende Belohnung zum Futter zu verwenden. In erster Linie möchten wir ja alle, dass unsere Hunde unabhängig von der Situation jederzeit das von uns Gewünschte tun. Der beste Weg dahin ist, mit vielen verschiedenen Bestärkungen zu arbeiten, damit Ihr Hund lernt: Zu gehorchen führt ganz allgemein zu einem angenehmen Gefühl. Genau wie wir möchten auch Hunde nicht zu jedem Zeitpunkt das Gleiche – wenn Sie Futter, Stimmlob, Bauchkraulen und Spielen miteinander kombinieren und situationsgerecht einsetzen, lernt Ihr Hund auch dann zu gehorchen, wenn er gerade einmal nicht hungrig ist.

Manchmal ist Spielen eine wirksamere Bestärkung als Futter. Nehmen wir zum Beispiel an, Ihr Hund ist ein wenig ängstlich, wenn er einen anderen Hund am Ende der Straße sieht. Manchmal wirkt es Wunder, wenn Sie ihm beibringen, dass ein sich nähernder Hund gutes Futter vorhersagt: »Oh Mann, wenn ein Hund näher kommt, heißt das ich kriege Hühnchen! Ich liebe Hühnchen! Hühnchen Hühnchen Hühnchen! Ich glaube ich finde andere Hunde toll!« Dies ist eine Methode, die schon Tausenden von Hunden geholfen hat, aber es wird immer auch den ein oder anderen Hund geben, der das Futter aus Ihrer Hand schnappt und trotzdem nervös oder ängstlich bleibt. Andere Hunde sind schlicht und einfach nicht an Futter interessiert. In diesen Fällen erzeugt Spielen mit einer höheren Wahrscheinlichkeit positive Gefühle. Diese verspielten und entspannten Emotionen lassen sich einfacher mit dem Anblick sich nähernder Hunde verknüpfen und können den Hund dazu bringen, andere Hunde mit guten Gefühlen zu verbinden.

Im nächsten Abschnitt schlagen wir ein paar Möglichkeiten vor, wie Sie Spiel in einige der häufigsten Dinge einbauen können, die wir von unseren Hunden verlangen – Kommen auf Zuruf, zivilisiertes Benehmen ankommenden Gästen gegenüber, manierlich an unserer Seite die Straße entlanggehen und auf Hinweis »Sitz« oder »Platz« zu machen. Wir werden hier nicht im Detail ausarbeiten, wie Sie einem Hund den Rückruf oder das Gehen bei Fuß beibringen, sondern uns darauf konzentrieren, wie man Spiel am besten einsetzen kann, um zu einem gehorsamen Hund zu kommen. (Im Anhang finden Sie Hinweise auf Bücher, die das Lehren des Grundgehorsams mit positiven Methoden beschreiben.)

Kommen auf Zuruf und das Jagdspiel

Vielleicht wird ja jemand eines Tages einen Hund züchten, der ein automatisches »Kommen auf Zuruf«-Gen installiert hat, aber so lange möchten wir nicht warten. Man sollte den Rückruf eher als einen Zirkustrick betrachten, denn es liegt absolut nicht in der Natur des Hundes, sein aktuelles Tun nur deshalb zu unterbrechen und zu Ihnen zu laufen, weil Sie ein leises (oder lautes!) Geräusch gemacht haben! Hier kommt uns das Jagdspiel zur Hilfe – es ist die perfekte Methode, Ihrem Hund zu zeigen, dass Kommen auf Zuruf sich wirklich für ihn lohnt, denn er hat gelernt: Wenn Sie »Komm!« rufen, darf er laufen, und laufen macht Spaß!

Alles, was Sie dazu tun müssen, ist, Ihrem Hund sein Komm-Signal zu geben, bevor Sie sich umdrehen und wegrennen. Rufen Sie »Rocky, komm!« und laufen Sie dann händeklatschend und (wenn Ihnen danach zumute ist) lachend von ihm weg. Sie müssen nicht weit rennen (Gott sei Dank), nur so viel, dass es sich für Ihren Hund wie ein Spiel anfühlt.

Sie haben Ihren Hund dafür, dass er sich umgedreht hat und in Ihre Richtung gelaufen ist, bereits bestärkt, indem er Ihnen nachjagen durfte, aber Sie tun gut daran, ihm die Sache durch ein zusätzliches Leckerchen zu versüßen, wenn er bei Ihnen angekommen ist oder nochmals in eine andere Richtung loszulaufen und ihm damit die Gelegenheit zu einem weiteren Jagdspiel zu geben. Spaßiger – und damit wirkungsvoller – ist es, wenn das Spiel unvorhersehbar ist, also gewöhnen Sie sich nicht an, Ihren Hund immer nur einmal zu Ihnen laufen zu lassen und das Spiel dann zu beenden. Denken Sie daran, was wir zum Thema des Stoppens und Umdrehens gesagt haben, kurz bevor der Hund Sie einholt und lassen Sie dieses Übungsspiel nicht von kleinen Kindern spielen, denn für sie ist es einfach nicht sicher genug.

Ihre eigene Körperhaltung wird einen großen Einfluss auf das Verhalten des Hundes haben. Wenn Sie gerade vor Ihrem Hund stehen, ihn anschauen und auf ihn zugehen, während Sie »Komm« rufen, hindern Sie ihn daran, zu Ihnen zu kommen. Hunde möchten immer in die Richtung laufen, in die Ihre Fußspitzen zeigen – wenn Sie Ihren Hund also rufen, drehen Sie dabei den Körper seitlich weg und bewegen sich von ihm weg. Denken Sie daran – es ist ein Jagdspiel, und der Hund kann Sie nicht jagen, wenn Sie nicht weglaufen. Ihr Wegbewegen in die andere Richtung wird den Hund eher zu Ihnen heranziehen anstatt ihn am Vorwärtsgehen zu hindern. Anfangs werden Sie sich sehr darauf konzentrieren müssen, denn uns fällt es nicht von Natur aus leicht, uns umzudrehen und wegzulaufen, wenn wir unseren Hund rufen. Das Ergebnis ist die Zeit und Mühe aber auf jeden Fall wert!

Vermeiden Sie es, von Ihrem Hund »Sitz« zu verlangen, wenn er bei Ihnen ankommt und ihn erst dann zu belohnen, denn sonst belohnen Sie ihn nur für das Sitzen und nicht für das Kommen. Gelegentlich ist es gut, das Sitzen zu verlangen, aber tun Sie es nicht zu oft, sonst kann es den Rückruf schleppender werden lassen. Hüten Sie sich auch davor, etwas zu tun, das Ihr Hund *nicht* mag. Die meisten Hunde werden zwar gern gestreichelt, mögen aber in der Regel nicht, wenn man sie oben auf den Kopf tätschelt, und besonders nicht mitten in einem Spiel. (Wir stellen uns dabei die Hunde immer wie kleine Jungs vor, die auf dem Fußballplatz vor all ihren Freunden von der Mutter umarmt werden und »Och, nöööööö, Mamaaa!« sagen.)

Versuchen Sie, das Jagdspiel mehrmals täglich zu spielen und achten Sie darauf, das Signal zum Kommen ganz kurz vor dem Moment zu geben, in dem Ihr Hund sich umdreht und zu Ihnen läuft. (Sagten wir schon, dass es wichtig ist, das Signal jedes Mal gleich auszusprechen? »Komm« ist nicht das Gleiche wie »Komm her« oder »Komm schön« und wechselnde Signale verwirren Ihren Hund nur.) Allmählich können Sie beginnen, Ihren Hund zu rufen, ohne jedes Mal selbst über den Rasen galoppieren zu müssen. Rennen Sie erst nur noch ein paar wenige Schritte weg, dann drehen Sie Ihren Körper nur noch so zur Seite, als ob Sie gleich *loslaufen wollten*. Irgendwann können Sie »Komm« sagen, ohne sich bewegen zu müssen und Ihr Hund wird trotzdem zu Ihnen gelaufen kommen.

Setzen Sie aber weiterhin das Jagdspiel, Leckerchen oder irgendetwas Besonderes wie zum Beispiel ein neues Spielzeug dazu ein, den Hund für besonders schwierige Abrufe zu bestärken und denken Sie daran, dass jeder Abruf schwierig ist, wenn der Hund in Gerüche oder eine andere besondere Ablenkung vertieft ist. Stellen Sie sich vor, Sie lesen gerade die letzte Seite eines spannenden Krimis und es ruft Sie jemand zum Abendessen. Was müsste passieren, damit Sie das Buch hinlegen, obwohl nur noch ein Satz zu lesen übrig ist?

Kombiniert mit Futter und anderen Arten des Spielens (vielleicht einem Zerrspiel, nachdem der Hund bei Ihnen ist?) können Jagdspiele beim Trainieren des Abrufs erstaunlich effektiv sein. Natürlich ist jeder Hund anders – manchen lässt sich der

Abruf sehr leicht beibringen, während andere – nun ja – eine größere Herausforderung darstellen. Manche werden in Umgebungen mit vielen Ablenkungen unangeleint nie hundertprozentig zuverlässig sein, und das ist auch in Ordnung. Ihre Aufgabe ist es, sich bewusst zu sein, inwiefern er seine Impulse kontrollieren und inwiefern er reife Entscheidungen treffen kann. Sie müssen wissen, was für ihn eine besonders starke Ablenkung ist, und wenn diese eintritt, sind Sie besser beraten, hinzugehen und Ihren Hund einfach abzuholen anstatt ihn zu rufen. Wenn Sie immer daran denken, den Abruf für Ihren Hund zu einem tollen Spiel zu machen, wird er Ihnen Ihre Mühe um ein Vielfaches zurückzahlen!

Tricks für Leckerli – Lehren Sie Sitz und Platz mit Tricks

Tricks mit dem Hund einzuüben und sie Freunden vorzuführen macht großen Spaß, aber sie können auch noch eine andere Funktion haben. Wenn man bedenkt, wie viel Freude das Lernen und Zeigen von Tricks macht, warum sollte man dann nicht Tricks an sich auch als Bestärkung für trivialere Dinge wie »Sitz« und »Platz« einsetzen? Was, wenn das Hinlegen auf Signal nur ein Bestandteil des Spiels ist? Was, wenn das Hinsetzen auf Signal erst der Beginn des Spaßes ist? Damit macht es Ihrem Hund nicht nur Spaß, zu gehorchen, sondern es kann auch dazu führen, dass er sich auch dann hinsetzt, wenn er sehr aufgeregt und aufgedreht ist – dann, wenn Sie es am nötigsten brauchen! Es ist einfach, einem Hund in der Küche »Sitz!« beizubringen, wenn er ruhig und entspannt ist und nichts anderes passiert. Aber einen aufgeregten Hund zum Sitzen zu bringen ist eine ganz andere Sache! Wenn man es klug anstellt, kann man Aufregung jeglicher Art sowohl als Bestärkung als auch als Ablenkung einsetzen. Wenn Sie das tun, wird Ihr Hund sich daran gewöhnen, auch dann zu horchen, wenn er sehr aufgekratzt ist – sei es, weil er gerade ein Reh gesehen oder gerade mit einem anderen Hund gespielt hat.

Versuchen Sie Ihrem Hund beizubringen, dass »Sitz« und »Platz« eine Trickübungsstunde ankündigen. Übertreiben Sie es nicht – ein oder zwei Mal Sitz oder Platz genügen. Achten Sie darauf, dass sich kein unabsichtliches festes Muster einschleicht – immer erst Setzen, dann Legen und dann den Trick zum Beispiel. Wechseln Sie ab, was Sie verlangen, passen Sie es der Situation an und verlangen Sie es zu verschiedenen Tageszeiten und an verschiedenen Orten. Ihr Hund wird viel besser reagieren, wenn Sie überraschend in der Diele »Sitz« verlangen, dann schnell einen kleinen Trick machen und gemeinsam ins Wohnzimmer flitzen. Wir üben »Gehorsam« oft nach dem immer gleichen Muster an den immer gleichen Stellen und wundern uns dann, wenn unser Hund in einem anderen Kontext nicht reagiert. Genau das ist eines der Geheimnisse, das professionelle Hundetrainer schon sehr früh lernen – wie wichtig es ist, ohne festes Muster und in verschiedenen Kontexten zu üben. Man kann es sich selbst relativ leicht angewöhnen. Versuchen Sie doch einmal, ein »Rocky, Sitz!« oder »Spike, Platz!« in Momenten einzustreuen, in denen es am wenigsten erwartet wird und Ihren Hund anschließend einen seiner Lieblingstricks machen zu lassen. Natürlich können Sie ein »Sitz« oder »Platz« mit jeder Art von Spiel bestärken – kluge Halter nehmen das, was ihre Hunde am liebsten mögen, egal ob es Springen durch einen Reifen oder Tauziehen ist. Wenn Sie das erst einmal praktizieren, werden Sie verblüfft sein, wie schnell Ihr Hund dann zu reagieren lernt, wenn es am meisten darauf ankommt.

Verrückte Besitzer und höfliche Hunde auf Spaziergängen

Mit uns Seite an Seite zu gehen ist wohl eins der schwierigsten Dinge, die wir von unseren Hunden verlangen. Wir halten es für alltäglich, mit jemandem Schulter an Schulter einher zu bummeln, weil wir es auch mit unseren menschlichen Freunden so machen. Für Hunde bedeutet »bei Fuß« gehen aber: Geh unnatürlich langsam und ignoriere alles Interessante. Und da wundert es uns noch, dass sie es nicht von selbst tun? Neben jemandem herzugehen gehört nicht zum natürlichen Verhaltensrepertoire von Hunden – Hunde untereinander tun das nicht, wenn sie gemeinsam unterwegs sind, sondern sie schlendern jeder seiner Wege hierhin und dorthin und treffen sich mit ihren Freunden an Stellen, an denen es interessant im Gras riecht.

Von einem Hund zu verlangen, dass er bei Fuß gehen oder Sie zumindest nicht den Bürgersteig entlangziehen soll wie einen Schlitten durch die Arktis bedeutet, dass Sie die ganze Zeit, während Sie mit dem Hund gehen, seine Aufmerksamkeit fordern. Das ist viel verlangt von einem Tier, das sich vom Eichhörnchengeruch aus den Hecken oder den Duftnachrichten anderer Hunde im Gras angezogen fühlt. Genau das ist der Grund, warum eine spielerische Herangehensweise so wichtig ist, wenn wir einem Hund das höfliche Gehen an der Leine beibringen möchten. Für ihn ist dies zunächst eine völlig sinnlose Aktivität, aber wenn er es als ein Spiel auffasst, ist die Wahrscheinlichkeit viel höher, dass er sich an die Regeln hält. An dieser Stelle können Sie das zuvor schon erwähnte Spiel »Verrückt gewordener Besitzer« in das normale Training zum Gehen bei Fuß einbauen (zu dem Sie Buchtipps im Anhang finden), um das Spazierengehen für Ihren Hund viel fröhlicher werden zu lassen.

Noch einmal zur Erinnerung – wir nennen dieses Spiel »Verrückt gewordener Besitzer«, weil es dazu führen kann, dass Ihre Nachbarn aus den Fenstern schauen und besorgte Blicke untereinander austauschen. Anstatt wie ein normaler Mensch gerade die Straße entlangzugehen, laufen Sie im Zickzack von hier nach da, gehen abwechselnd schneller und langsamer und bewegen sich völlig unlogisch, sodass Ihr Hund auf Sie völlig unvorhersehbares Wesen gut aufpassen muss!

Es ist ganz einfach, dieses Spiel in das Training für das Gehen bei Fuß einzubauen. Stellen Sie sich vor, Sie haben »Fuß!« gesagt und sind zwei Schritte nach vorn gegangen. Ihr Hund hat mit Ihnen mitgehalten, weshalb Sie ihn loben und ihm ein Leckerchen geben. (Denken Sie nicht einmal darüber nach, das Gehen bei Fuß ohne eine großzügige Menge an Leckerchen trainieren zu wollen!) Nun gehen Sie fünf Schritte vor, machen dabei aber kleine, schnelle Schritte. Bleiben Sie stehen, füttern und loben Sie und drehen sich dann um, um zwei große, lange Schritte zu machen. Bleiben Sie stehen, füttern und loben Sie. Starten Sie erneut, aber gehen Sie dieses Mal fünf oder sechs schnelle Schritte nach vorn, drehen sich dann ohne anzuhalten nach rechts um und werden wieder langsamer, dann drehen Sie sich vor Ihrem Hund um neunzig Grad nach links, machen noch zwei Schritte und geben ihn dann frei. Nun bleiben Sie stehen und winken fröhlich der Person zu, die Sie von der anderen Straßenseite aus anstarrt und starten dann in eine neue Runde.

Geben Sie Ihrem Hund viele Leckerlis, wenn er in der richtigen Position ist und die Leine locker durchhängt, damit er interessiert und motiviert bleibt, an dieser Position zu bleiben. Das Gehen bei Fuß ist eine der Aufgaben, die ein peppiges Verhalten vom Trainer verlangen – starten Sie also mit einem Animationslevel, das Sie an den Tag legen würden, wenn Sie im Karneval zur Tanzgarde gehören würden. Denken Sie daran – Sie können nicht von Ihrem Hund verlangen, dass er peppig und aufmerksam ist, wenn Sie es nicht auch sind!

Halten Sie die Einheiten kurz – es ist nicht fair, von einem Hund zu lange so große Aufmerksamkeit zu verlangen, wenn Sie gerade erst anfangen. (Probieren Sie es einmal selbst aus – gehen Sie neben jemandem her, der sehr ruckartig geht und versuchen Sie, immer neben ihm zu bleiben. Das ist sogar für uns Primaten, die wir das Nebeneinandergehen gewohnt sind, unglaublich anstrengend!) Vor allem ist wichtig, sich ins Bewusstsein zu rufen, was Sie von Ihrem Hund verlangen: Inmitten einer Welt voller höchst interessanter Dinge auf Sie zu achten. Sie wetteifern hier um die Aufmerksamkeit Ihres Hundes, und Ihre Chance, sie zu bekommen und zu behalten ist viel größer, wenn Sie wirklich jemand sind, auf den zu achten sich lohnt – und wenn Sie die Aufmerksamkeit nicht zu lange am Stück einfordern.

Vermeiden Sie den häufigsten Anfängerfehler: Zu vergessen, den Hund aus dem

»bei Fuß« wieder zu entlassen. Wenn Sie nicht eindeutig zu verstehen geben, wann Ihr Hund bei Fuß gehen soll und wann nicht, wird er nie wissen, was Sie erwarten und den Befehl »bei Fuß« in Zukunft ignorieren, wann immer ihm danach ist. Denken Sie immer daran, welch enorme Anstrengung es für Ihren Hund bedeutet, so stark auf Sie zu achten und dass Sie es nicht bis zum Umfallen von ihm verlangen können. Streichen Sie sich diesen Abschnitt an – es ist das Schwierigste daran, einem Hund ein gutes Gehen bei Fuß beizubringen und das, was professionelle Trainer von normalen Hundehaltern am stärksten unterscheidet. Wenn Sie Ihren Hund entlassen, ist es sehr wichtig, dass Sie auch hierfür immer den gleichen Befehl verwenden, egal ob das »OK«, »Lauf« oder irgendein anderes Wort ist, das für Sie funktioniert. Vermeiden Sie es, ein Wort zu verwenden, das Sie auch in einem anderen Zusammenhang schon benutzen. Und jetzt lassen Sie Ihren Hund Hund sein und ihn mit seiner Nase die Hundezeitung lesen! Sie können vermeiden, dass er Sie durch die Gegend zieht, indem Sie eine gute Ausrüstung wie ein Kopfhalfter oder ein Geschirr mit einem an der Brust befestigten Leinenring benutzen. Nun können Sie beide Ihren Spaziergang gleichermaßen genießen!

Freundliche Begrüßungen und »Geh und hol dein Spielzeug«

Fürchten Sie die Vorstellung, dass jemand an der Tür klingeln könnte, weil Ihr Hund beim Eintreffen von Besuchern jedes Mal so außer Kontrolle gerät, dass es fast schon beängstigend ist? Falls ja, sind Sie nicht allein – nur wenige Hundebesitzer hatten noch nie mit einem Hund zu kämpfen, der sich an der Haustür ein bisschen zu stürmisch aufführt. Den Hunden können wir keine Schuld geben – in ihren Kreisen gehört zu einer freundlichen Begrüßung nun einmal dazu, dass man die Mundwinkel des anderen leckt. Es ist ja nicht ihr Fehler, dass sie Luftsprünge vollführen müssen, um in die Nähe unserer Münder zu kommen. Andererseits können wir es unseren Gästen aber auch nicht übelnehmen, dass sie dieses Verhalten nicht mögen – es ist ja auch wirklich kein Spaß, wenn ein fremder Hund wie eine Rakete auf das eigene Gesicht losstartet. Hier haben wir eine weitere Situation, in der das Spiel zu Ihrem Verbündeten werden kann. Sie können es nutzen, um die Energie Ihres Hundes in eine passendere Richtung zu lenken und unerwünschte Dramaszenen an der Haustür zu vermeiden. Im Großen und Ganzen besteht die Idee darin, dass Sie Ihrem Hund beibringen, ein Spielzeug holen zu gehen, anstatt an der Tür wild herumzuspringen, ein Bellkonzert zu veranstalten und auf der Stelle zu kreiseln.

Beginnen Sie damit, dass Sie ein paar Spielzeuge auslegen, die Ihr Hund gerne umherträgt. Es ist dabei egal, ob es sich um Plüschspielsachen oder hüpfende Gummibälle handelt. Hohle, mit Futter gefüllte Spielzeuge sind besonders gut geeignet, weil der Hund sich damit im Wohnzimmer hinlegen kann, während Sie in Ruhe mit Ihrem Gast sprechen. Sie funktionieren immer, egal ob Ihr Hund Spielsachen generell mag oder nicht. (Wichtig: Wenden Sie diese Methode nicht an, wenn Ihr Hund sein Futter verteidigt.) Jetzt gehen Sie zur Tür und tun so, als ob Sie Gesellschaft hätten. Versuchen Sie nicht, Ihren Hund zu trainieren, wenn Sie wirklich Besuch bekommen, denn dann wird er es kaum schaffen, auch nur zwei Nervenzellen in seinem pelzigen kleinen Kopf miteinander zu verschalten. Klopfen oder klingeln Sie selbst an der Tür, um Besuch zu simulieren. Sie können auch die Tür öffnen und Ihre »Oh, Besuch-Stimme« an den Tag legen – glauben Sie uns, Sie haben eine und Ihr Hund kennt sie! Sobald Ihr Hund im »Besuchermodus« ist, ermuntern Sie ihn, zu dem Raum mit den Spielsachen zu laufen. Vielleicht beginnen Sie zunächst mit einem Spielzeug in Ihrer Hand, das Sie als Köder benutzen, um ihn von der Tür wegzulocken. Sobald Sie weit genug von der Tür weg sind, fordern Sie Ihren Hund zum Spielen auf, indem Sie das Spielzeug in die Luft werfen, ein Fangspiel damit spielen oder ihm die darin versteckten Leckerlis zeigen. Nachdem er vier bis fünf Minuten Spaß hatte, nehmen Sie ihm das Spielzeug weg und tun so, als ob Sie erneut Besuch bekommen würden.

Ihr Ziel ist, Ihrem Hund beizubringen, dass er von der Tür und den Besuchern weglaufen und ein Spielzeug aus einem anderen Raum holen soll. Wenn Sie einen überfreundlichen und überschwänglichen Hund haben, können Sie diese Technik auch dazu benutzen, ihn in eine Transportbox zu bekommen, wo Sie ihm dann das gefüllte Spielzeug geben und ihn daran kauen lassen, bis die Aufregung des Treffens vorüber ist. Sie können den Hund wieder herauslassen, wenn der Gast etwa zehn Minuten lang da ist oder dann, wenn die erste Aufregung vorbei ist. Verspielte Hunde lernen sehr schnell, auf Besucher mit dem Holen eines Spielzeuges zu reagieren, um es den Neuen zu zeigen. Und mit einem tollen großen Spielzeug im Maul springt und bellt es sich einfach schlechter!

Ihren Hund zu einem Spielzeug zu schicken, wenn Besuch kommt, klingt nach einer sehr einfachen Lösung, aber manchmal ist das Einfachste wirklich das Beste. Hunde geraten sehr schnell in eine Art Übererregung, wenn sie Besucher an der Haustür begrüßen, weshalb das Empfangen von Gästen für Sie sehr viel entspannter und schöner wird, wenn Sie den Hund aus dieser Situation herausnehmen. Selbst Hunde, die sich beim Eintreffen von Besuch brav hinsetzen, können nach diesem ersten Sitz (oder dem zweiten oder dritten …) trotzdem noch olympiaverdächtige Luftsprünge vollführen. Wenn also die Strategie »An der Tür hinsetzen«

bei Ihrem Hund nicht funktioniert, versuchen Sie, ihn auf ein Spielzeug umzulenken, wann immer jemand das Haus betritt (Sie inbegriffen!) und Sie werden feststellen, dass es ab jetzt wesentlich netter ist, wenn Freunde zu Besuch kommen!

Zerrspiele und »Nimm's/Gib's her« lernen

Jeder Hund nimmt hin und wieder etwas ins Maul, das er nicht haben sollte oder hält ein Spielzeug fest, das Sie zurückhaben müssen. Sie können sich den Gegenstand wiederbeschaffen, indem Sie entweder leise »Gib's her« sagen, was der Hund zuvor als unterhaltsames Spiel kennengelernt hat, oder Sie können ihn durch den Garten jagen, ihn zu Boden ringen und ihm die Kiefer auseinanderstemmen. Es liegt an Ihnen. (Die letztgenannte Alternative ist allerdings nicht zu empfehlen.) Zerrspiele sind eine großartige Methode, um Feuer mit Feuer zu bekämpfen und Ihrem Hund beizubringen: Wenn er etwas auf Ihr Signal hin fallen lässt, folgt anschließend ein Spiel, in dem er es nochmals aufheben darf und viel Spaß dabei hat. Zerrspiele können also einen doppelten Effekt haben – sowohl als Spiel, mit dem Sie Ihren Hund unterhalten und beschäftigen können, als auch als Methode, ihm das Hergeben auf Kommando beizubringen.

So fängt man an. Suchen Sie ein geeignetes Zerrspielzeug aus und werfen Sie das Ende dreißig bis vierzig Zentimeter vor die Nase Ihres Hundes. Genau dann, wenn er das Maul öffnet, um danach zu greifen, sagen Sie »Nimm's«. Denken Sie daran, gleich kräftig zurückzuziehen, sobald der Hund das Spielzeug fest gepackt hat. Ziehen Sie gleichmäßig, um ihn zum Dagegenziehen zu motivieren. Loben Sie Ihren Hund, während er zieht und ziehen Sie selbst fest genug, um seinen Eifer anzuregen. Falls er das Spielzeug loslässt, wedeln Sie ein wenig damit vor seiner Nase herum, um ihn wieder zum Zufassen zu animieren. Ziehen Sie dann erst zurück, wenn er das Spielzeug wieder fest gepackt hat.

Nimm's/Gib's her. Nehmen Sie das Lieblings-Zerrspielzeug Ihres Hundes und eine Tasche voll kleiner, besonders guter Leckerlis zur Hand. Nehmen Sie eins der Leckerlis in diejenige Hand, die Sie nicht zum Ziehen brauchen und starten Sie mit der Aufforderung »Nimm's!« ein ausgelassenes, tolles Ziehspiel. Nachdem Sie eine Minute gespielt haben, halten Sie das Spielzeug mit einer Hand fest und bewegen mit der anderen, freien das Leckerli auf die Nase des Hundes zu. Wenn es nur noch zwei, drei Zentimeter von der Hundenase entfernt ist, sagen Sie »Gib's her«.

Wenn das Leckerchen gut genug ist und Ihr Hund verfressen ist, wird er das Spielzeug ausspucken und das Leckerchen nehmen. Loben Sie ihn ausgiebig und begeistert dafür: Guter Hund! Wenn Ihr Hund gerne mit Ihnen Tauziehen spielt, können Sie ihm nun das Spielzeug erneut anbieten, ein weiteres Zerrspiel starten und die oben beschriebene Abfolge wiederholen. Manche Hunde sind aber so futtermotiviert, dass sie das Spielzeug ignorieren und nach mehr Leckerchen Ausschau halten. Falls das passiert, ist das in Ordnung – unterbrechen Sie das Spiel einfach für ein paar Minuten. Sie können Ihren Hund auch durch Zeigen eines zweiten Spielzeugs zum Loslassen des ersten verführen, solange die beiden Gegenstände nur gleichermaßen attraktiv für ihn sind. Welche beiden Gegenstände Sie dafür nehmen sollten, ist bei jedem Hund anders – wichtig ist letzten Endes nur, dass Ihr Hund lernt: Es bedeutet nicht das Ende des Vergnügens, wenn er auf Ihr Signal »Gib's her!« hin das Maul aufmacht!

Ihr Ziel ist, dem Hund »Gib's her« als das Gegenteil von »Nimm's« begreiflich zu machen. So wird er es eher als Teil eines Spiels auffassen als einen bedrohlichen Befehl von jemand, der ihm seinen Schatz abnehmen möchte. Verlangen Sie während etwa des ersten Monats Training kein »Gib's her«, ohne vorher »Nimm's« geübt zu haben. Spielen Sie das »Nimm's/Gib's her«-Spiel mit dem Zerrspielzeug mehrmals täglich und zwar so, dass Ihr Hund immer froh darüber ist, es auf Ihr Signal hin hergegeben zu haben. Achten Sie außerdem darauf, dass die Stimmung immer unbeschwert und verspielt bleibt. Nach etwa ein oder zwei Wochen können Sie beginnen, »Nimm's/Gib's her« auch mit anderen Spielsachen Ihres Hundes zu spielen. Halten Sie sich immer bereit, ihn mit einem anderen tollen Spielzeug oder Futter zu belohnen, damit es sich für ihn lohnt, den Gegenstand auf Ihr Signal »Gib's her« hin herzugeben. Irgendwann werden Sie einen Hund haben, der alles Mögliche auf ein einziges leises Wort von Ihnen fallen lässt – aber Sie müssen wissen, dass zwischen den Anfängen und dem Hergeben eines für den Hund wertvollen Gegenstandes (wie etwa einer Hamburgerverpackung) sehr viel Übung liegt.

Zerrspiele zum Lernen von Impulskontrolle

Neben den vielen anderen positiven Effekten, die Zerrspiele haben, bieten sie auch eine prima Möglichkeit, den Hund mehr Impulskontrolle zu lehren. Zerrspiele können sehr aufregend sein, was einen Teil der Faszination ausmacht, die sie auf Hunde ausüben. Sie können diese Energie unter kontrollierten Bedingungen zügeln und dazu nutzen, Ihrem Hund beizubringen, dass er sich auf Ihr Signal hin abregen und beruhigen soll.

Natürlich kann die Kehrseite der Medaille hier darin bestehen, dass Hunde sich bei Zerrspielen allzu sehr aufregen können – wichtig ist also, dass Sie Ihren Hund sich nicht allzu sehr in Aufregung hineinsteigern lassen, wenn Sie dieses Spiel mit ihm spielen. Falls das bei Ihrem Hund ein Problem sein könnte, lesen Sie auf Seite 79 unter »Die Zeichen für Übererregung erkennen« nach. Wir raten Ihnen außerdem, kleinere Kinder unter zehn Jahren keine Zerrspiele mit dem Hund machen zu lassen. Wie bereits gesagt, kann das Wettziehen sehr aufputschend wirken – und es wäre von einem Kind zu viel verlangt, dass es hier seine Gefühle unter Kontrolle halten soll, geschweige denn die des Hundes.

Um einem Hund das »Abregen« auf Kommando beizubringen, spielen Sie erst ein paar Sekunden lang ausgelassen und tun dann zwei Dinge: Sagen Sie »abregen« (oder alternativ »ruhig« oder das kürzere englische »chill«) und stellen jegliche Bewegung ein. Hören Sie auf zu ziehen und sich zu bewegen und stehen Sie Ihrem Hund mit entspannter Körperhaltung und neutralem Gesichtsausdruck gegenüber. Hunde tun das ständig, wenn sie untereinander spielen: Sie spielen ausgelassen miteinander, bis einer von ihnen abrupt innehält und bewegungslos wird, den anderen Hund dabei aber weiter ansieht. Unter anderen Umständen könnte diese Geste bedrohlich wirken, aber im spielerischen Kontext scheint sie so etwas wie ein Signal für »Auszeit« zu sein. Sie können sich dieses natürliche Verhalten zunutze machen, um Ihrem Hund das »Abregen« auf Kommando beizubringen. Halten Sie diese Pausen sehr kurz – eine Sekunde ist lang genug! Wenn Sie zu lange bewegungslos bleiben, könnte Ihr Hund sich zu fragen beginnen, ob Sie ihn vielleicht bedrohen. Stellen Sie sich diese Pausen deshalb eher so vor, als ob Sie tanzen würden: Halten Sie einen Takt der Musik lang inne und drehen sich dann weiter im Walzerschritt übers Parkett.

Wenn Sie pausieren, kann es natürlich sein, dass Ihr Hund weiter zieht. Versuchen Sie dann einfach, Ihre Reaktion weiter zu verfeinern, indem Sie still stehen bleiben und das Spielzeug festhalten, aber nicht mehr daran ziehen. Die meisten Hunde verstehen das überraschend schnell, besonders, wenn Sie sich vom begeisterten Spielpartner zum Denkmal verwandeln. Sobald Ihr Hund auch nur entfernt innehält, sagen Sie »OK« und spielen wie zuvor weiter. Sie können zwei oder drei dieser Mini-Pausen in ein Spiel einstreuen, damit sich Ihr Hund an die Auszeit auf Ihr Wort hin gewöhnt. Nach ein paar Wochen können Sie gelegentlich »ruhig« sagen, den Hund loben, wenn er zu ziehen aufhört und das Spiel entweder fortsetzen oder an dieser Stelle beenden.

Beginnen Sie gleichzeitig, Ihr Signal für »ruhig« auch in anderen Zusammenhängen einzusetzen, aber achten Sie darauf, es nur dann zu geben, wenn Ihr Hund auch eine sehr gute Chance hat, richtig darauf zu reagieren. Bestärken Sie ihn dafür so, wie es in diesem Moment angemessen erscheint – Sie können ihm auch ein mit Futter gefülltes Hohlspielzeug dafür geben, dass er sich etwas abgekühlt hat. Bedenken Sie außerdem, dass Gefühle und Energie ansteckend wirken: Wenn Sie möchten, dass Ihr Hund sich beruhigt, müssen Sie sich langsam bewegen, tief atmen und mit ruhiger Stimme sprechen. Sobald Sie selbst das unter allen nur denkbaren Umständen beherrschen – zum Beispiel dann, wenn sieben Leute vor Ihrer Tür stehen, das Telefon klingelt, Ihr Essen anbrennt und der Hund sich auf die Gäste stürzt – lassen Sie es uns wissen. Wir würden Sie gerne zu uns einladen.

Wie Spielen auch bei allen anderen Trainingsaufgaben helfen kann

Sie können sich das Spielen für fast alle Aufgaben zunutze machen, die Sie Ihrem Hund gerne beibringen möchten. Hier ist nicht Platz genug, um sie alle aufzuzählen, aber die Grundidee dürfte klar sein: Setzen Sie jeweils geeignete Arten von Spiel dazu ein, Ihren Hund zu motivieren und ihm beizubringen, auf Sie zu hören und zu reagieren. Einige weitere Signale sind unserer Meinung nach so wichtig, dass wir jedem nur raten können, sie in das eigene Repertoire aufzunehmen. »Aus!« bedeutet, dass der Hund sich von dem wegdrehen soll, was auch immer er gerade beschnüffelt oder zu fressen im Begriff ist, »Warte« bedeutet »Bitte warte einen Moment« (und stürze dich nicht in der Mikrosekunde, in der ich die Tür öffne, aus dem Auto oder dem Haus) und »Hier lang« bittet Ihren Hund, auf der Stelle kehrtzumachen und sich von einem potenziellen Problem zu entfernen. Letzteres kam einmal zu einem sehr denkwürdigen Einsatz, als Karen und Bugsy auf einem Spaziergang einem Kojoten vor die Pfoten liefen.

Es gibt so gut wie keine Grenzen, so viele unterschiedliche Möglichkeiten gibt es, wie Sie es für Ihren Hund zu einem Vergnügen machen können, das von Ihnen Verlangte zu tun. Der Einsatz von Spiel ist eine wunderbare Methode, den Hund zur Zusammenarbeit mit Ihnen zu bringen anstatt zum Nachdenken darüber, wie er Sie austricksen und sich Ihnen entziehen kann. Es gibt aber auch einige wenige Ausnahmen für den Einsatz von Spiel zum Trainieren von etwas Neuem, und »Bleib« ist eine wichtige davon.

Auch wenn wir Spiel liebend gerne als Bestärkung für gutes Benehmen einsetzen, so ist es doch nicht für alle Übungen geeignet. »Bleib« ist das perfekte Beispiel dafür, denn die Anfänge eines guten Bleib-Trainings lehren den Hund, dass der Spaß im Liegenbleiben und nicht im Aufstehen besteht. Jahrzehntelang haben Hundetrainer es genau andersherum gemacht – sie haben den Hunden befohlen, zu bleiben wo sie sind, bis sie freigegeben wurden und sie erst dann mit Futter, Spiel oder Lob belohnt. Bei genauerem Nachdenken ist eigentlich logisch, dass dies genau falschherum ist! Wir möchten ja erreichen, dass der Hund liegen oder sitzen bleiben will, und nicht, dass er in Erwartung zittert, bald endlich wieder freigelassen zu werden. Aus diesem Grund bringen wir unseren Hunden das »Bleib« so bei, dass wir Ihnen Leckerchen geben, solange sie sich noch im »Bleib« befinden. Man könnte das die »Warten wird belohnt«-Methode nennen, und sie führt zu Hunden, die selbst dann nicht aufstehen möchten, wenn sie freigegeben werden. (In der Tat ein Problem auf hohem Niveau.) Es ist fast unmöglich, Spiel als Bestärker während der Bleib-Übung einzusetzen, ohne den Hund damit zum Aufstehen zu bringen. Geben Sie deshalb lieber Leckerchen, solange der Hund sich im »Bleib« befindet und gestalten Sie die Freigabe möglichst langweilig.

»Bleib« und Spielen integrieren

Auch wenn Sie Spielen also nicht dazu benutzen können, Ihrem Hund die Grundbegriffe von »Bleib« beizubringen, ist es eine gute Idee, andersherum das »Bleib« in eine Spieleinheit einzubauen. So können Sie Ihren Hund Impulskontrolle lehren und es ihm leichter machen, auch dann zu gehorchen, wenn er gerade aufgeregt ist. Hier ein Beispiel von Patricias Farm: Ihre beiden Border Collies spielen sehr gerne apportieren, aber der jüngere, Will, ist immer schneller als die ältere Lassie und überholt sie. Damit auch Lassie zum Spielen kommt, bittet Patricia Will einige Male ins »Platz und Bleib«, während sie das Spielzeug für Lassie wirft. Sie können sich vorstellen, dass dies dem jungen Will zuerst sehr schwerfiel – liegen bleiben und zuschauen, wie ein anderer Hund der Frisbee-Scheibe nachrennt? Patricia erarbeitete sich das Schritt für Schritt, indem sie anfangs nur eine Sekunde lang »Bleib« verlangte, während sie neben Will stehen blieb und die Scheibe nur wenige Meter hinter Lassie warf. Wenn Will für diese kurze Zeit einer Sekunde im »Bleib« blieb, bekam er selbst ein anderes Spielzeug zum Apportieren geworfen. Nach und nach verlangte Patricia immer längeres Bleiben, bis sie für Lassie einen richtig schön weiten Wurf machen konnte und Will solange wartend liegen blieb. Sobald sie Will freigab, durfte er selbst den Frisbee jagen, und heute akzeptiert er, dass gelegentliches Warten einfach ein Teil des Apportierspiels ist. Er hat viel darüber gelernt, seine eigenen Emotionen im Zaum zu halten, und zwar auch dann, wenn er sehr stark dazu motiviert ist, eigentlich etwas anderes tun zu wollen. Dieser »An-Aus«-Schalter wird Ihnen in der Zukunft in vielen Situationen unbezahlbare (und möglicherweise sogar lebensrettende) Dienste erweisen – vom Schafehüten bis zum Aufmerksambleiben, wenn gerade vor Ihrer Nase ein Reh über die Straße gesprungen ist.

Sie müssen nicht immer spielen

Die meisten Hunde würden den Tag liebend gern mit nichts anderem verbringen als zu spielen und zu schlafen – aber das ist bei uns ja eigentlich auch nicht anders. Falls Sie herausgefunden haben sollten, wie man das anstellt und trotzdem noch genug Geld verdient, um Hundefutter kaufen zu können, dann lassen Sie es uns bitte wissen. Vermutlich haben Sie aber noch einige andere Dinge zu tun – wie zum Beispiel zur Arbeit gehen, Essen kochen oder Zeitung lesen. Das Spielen mit Ihrem Hund mag einen Teil dessen ausmachen, was das Leben für Sie erst so richtig lebenswert macht, aber es sollte auch nicht Ihr einziger Lebensinhalt sein. Ein guter Spielpartner zeichnet sich unter anderem auch dadurch aus, dass er klar mitteilt, wann es Zeit zum Spielen ist und wann nicht.

Es mag wie pure Ironie klingen, dass ein Buch über das Spielen mit Hunden Ihnen gleichzeitig erzählt, dass Sie sich nicht zum Spielsklaven Ihres Hundes machen sollen – auch dann nicht, wenn er den größten Teil des Tages in einer Box verbracht hat und Sie zur Arbeit waren. Ja, Ihr Hund braucht viel körperliche und geistige Beschäftigung, aber das bedeutet nicht, dass er Sie unablässig den ganzen Abend lang belagern darf. Sie und Ihr Hund werden auf lange Sicht viel glücklicher sein, wenn Sie klar mitteilen, wann Sie zu spielen bereit sind und wann nicht. So haben Sie beide Lust zum Spielen, was die ganze Sache zu einem wesentlich größeren Vergnügen macht. Davon abgesehen tun Sie niemandem einen Gefallen, wenn Sie Ihrem Hund ständig auf Abruf zur Verfügung stehen. Es ist schlecht für Sie und kann die Beziehung zu Ihrem Hund belasten, sodass Sie vielleicht insgesamt noch weniger Lust zum Spielen haben. Und für Ihren Hund ist es schlecht, weil es ihn den ganzen Abend in einem Zustand halb gespannter Erwartung verbringen lässt (»Spielen wir gleich oder nicht? Vielleicht, wenn ich einfach nur länger belle oder ihr mit der Pfote ans Bein tippe ...«) anstatt dass er voraussehen und verstehen kann, was um ihn herum vorgeht. Hunde, die dafür bestärkt werden, dass sie ständig ihre Besitzer belästigen, können ihre Fähigkeit zur Frustrationstoleranz verlieren und sich in Aufregungszustände hineinsteigern, die weder ihnen selbst noch sonst irgendjemand nutzen.

Zweifellos wird dieser Abschnitt auch von ein paar Besitzern gelesen, die noch nie von ihren Hunden zum Spielen angebettelt worden sind. Ihr Greyhound oder Akita liegt ruhig neben ihnen, und er wird ebenso wenig wahrscheinlich von sich aus ein Spiel beginnen wie er sich selbst die Krallen schneiden wird. Das Mindeste, was diese glücklichen Besitzer tun können, ist, Mitleid mit denen zu haben, deren Hunde ihnen Bälle in den Schoß legen, im spannendsten Teil des Fernsehkrimis bellen oder sie anschauen, als ob sie Milchkühe auf dem Weg zum Melken wären. Hunde, die niemals ein Spiel beginnen, mögen vielleicht Besitzer brauchen, die das für sie tun, aber wir anderen sind gut beraten, wenn wir ein Signal haben, das ganz klar »Nicht jetzt!« sagt.

Das Signal »Genug« trainieren
(Oder: Tut mir leid, dein gewünschter Mensch steht momentan nicht zur Verfügung)

Zum Glück für uns verfügen Hunde über ein soziales Signal, das übersetzt aus dem Hündischen »Ich stehe gerade für soziale Interaktion nicht zur Verfügung« bedeutet. Dieses nützliche hündische Signal wird oft anschaulich als »Wegschauen« beschrieben und kann in ein Signal namens »genug« eingebaut werden. Das beste an diesem Signal ist, dass es leicht zu trainieren ist und dass Hunde es erstaunlich schnell in den verschiedensten Zusammenhängen verstehen.

Beginnen Sie damit, dass Sie sich aufs Sofa oder in einen bequemen Sessel setzen, mit tiefer, ruhiger Stimme »genug« sagen und Ihren Hund schnell zwei Mal hintereinander oben auf den Kopf tätscheln.[7] Die meisten Hunde mögen es nicht, auf den Kopf getätschelt zu werden. (Probieren Sie es mal an sich selbst aus – es fühlt sich scheußlich an!) Manche gehen sogar daraufhin ohne weiteres Aufhebens geradewegs weg. Viele Hunde werden aber nicht sofort aufgeben, besonders die jungen, energiegeladenen Typen oder diejenigen, denen in der Vergangenheit noch nicht allzu viele Grenzen gesetzt wurden, nicht.

In diesem Fall stehen Sie auf und bewegen Ihren Hund ein, zwei Meter von Ihrem Sessel weg, indem Sie ihn mit Ihren Beinen »wegdrängeln«, ohne ihn tatsächlich zu berühren. Schieben Sie ihn nicht mit den Händen weg (das kann als Spielaufforderung missverstanden werden) und versuchen Sie auch nicht, den Hund mit angehobenen Füßen wegzuschieben. Bleiben Sie stumm, lassen Sie Ihre Füße auf dem Boden und schlurfen einfach ein oder zwei Schritte weit nach vorn, zwischen den Sessel und den Hund. Höchstwahrscheinlich wird Ihr Hund damit reagieren,

---

[7] Wir sprechen hier nicht von Streicheln, das die meisten Hunde lieben, sondern wirklich von zwei schnellen, tätschelnden Klopfbewegungen oben auf den Hundekopf. Sofern ein Hund nicht gerade handscheu ist, hat er davor keine Angst, aber er mag es auch nicht. Patricias Nichten nennen das immer »Happy Slappies«, was uns sehr schön daran erinnert, diese Tätschler immer mit der fröhlichsten Absicht anzuwenden!

dass er rückwärts geht oder versucht, rechts oder links um Sie herumzugehen. Falls er um Sie herumzugehen versucht, ist es Ihre Aufgabe, wie ein Torhüter zu agieren und sich nach rechts oder links zu bewegen, um den Hund am Zurückgehen zum Sessel zu hindern. Bleiben Sie ruhig und stumm und stellen sich vor, dass es hier darum geht, einen kleinen Raumbereich zu schützen und nicht darum, den Hund zu irgendetwas zu zwingen. Sobald Ihr Hund ein oder zwei Schritte zurückgewichen ist (erwarten Sie nicht zu viel!) setzen Sie sich wieder hin, verschränken Ihre Arme und *drehen Ihren erhobenen Kopf vom Hund weg*, wenn er wieder auf Sie zukommt.

Dies ist das Wegschau-Element des Signals, und Hunde scheinen es sofort zu verstehen. Alles was Sie tun müssen ist, den Kopf so zu drehen, dass Ihr Gewicht vom Hund weg zeigt und dabei Ihr Kinn zu heben. Die meisten Hunde reagieren daraufhin damit, dass sie weggehen und sich nach etwas anderem oder jemand anderem umschauen. Machen Sie nicht den allzu häufigen Fehler, Ihrem Hund zu sagen, dass er weggehen soll und ihn dabei weiter anzuschauen. Wenn Sie ihn anstarren und dabei Dinge wie »Jetzt nicht« oder »Geh auf deinen Platz« sagen, wird er zurückstarren und herauszufinden versuchen, was Sie von ihm möchten. Wenn Sie aber Ihr Gesicht abwenden und die Arme verschränken, teilen Sie ganz klar mit, dass Sie jetzt nicht interagieren möchten.

Auch wenn das Verschränken der Arme kein eigentlicher Bestandteil des Wegschau-Signals ist (wir haben noch nie einen Hund gesehen, der das gemacht hätte!), kann es sehr hilfreich sein, wenn man es zusätzlich anwendet. Verschränkte Arme repräsentieren eine »geschlossene« anstatt einer »offenen« Körperhaltung und – was noch wichtiger ist – hindern Sie selbst daran, die Hand nach dem Hund auszustrecken, insbesondere dazu, um ihn wegzuschubsen. Spielende Hunde »betatzen« sich während des Spiels häufig gegenseitig mit den Pfoten, sodass dieses Signal leicht missverstanden wird und genau das Gegenteil von dem übermittelt, was Sie zu kommunizieren versuchen.

Sehr hartnäckige Hunde können unter Umständen auf Ihr Wegschauen damit reagieren, dass sie zu der Seite herumkommen, in die Sie nun schauen und erneut versuchen, Ihre Aufmerksamkeit zu bekommen. Lassen Sie einfach Ihre Arme verschränkt und drehen Sie Ihr Gesicht wieder nach oben und vom Hund weg. Manchmal sind drei oder vier Kopfdrehungen oder sogar weitere flotte Kopftätschler nötig, um enthusiastische Hunde abzuschrecken – besonders, wenn sie schon daran gewohnt sind, zu jedem beliebigen Zeitpunkt Ihre Aufmerksamkeit einfordern zu können. Machen Sie sich nichts daraus – es kommt oft vor, dass erwachsene Hunde sie belästigenden Welpen mehrfach hintereinander das Wegschau-Signal geben müssen, bis die gewünschte Nachricht endlich beim Empfänger ankommt.

Damit dies von Anfang an gut funktioniert (manche Hunde lassen sich in ein oder zwei Übungseinheiten schon auf das Wort »genug!« trainieren – fast schon beängstigend!), sollten Sie versuchen, selbst wirklich Entschlossenheit Ihrer Absicht zu empfinden und auszustrahlen. Subtilität ist kontraproduktiv, wenn man zwischenartlich kommunizieren möchte. Stellen Sie sich also vor, dass Sie ein Schauspieler oder eine Schauspielerin sind und versetzen sich wirklich in diese Rolle. Wenn Sie ein Vorbild für Ihre Rolle brauchen, stellen Sie sich pubertierende Mädchen im schwierigsten Alter vor, die wahre Meisterinnen darin sein können, ihre Nasen dramatisch hochzurecken, das Gesicht wegzudrehen und zu sagen: »Mit dir rede ich nicht!« Zumindest kann man ihnen wirklich nicht vorwerfen, unklare Mitteilungen zu machen und mehrdeutige Nachrichten zu senden.

Wir sagen *nicht*, dass Sie Ihrem Hund keine Aufmerksamkeit schenken sollten. Was hat man schon davon, einen Hund zu besitzen, wenn man nicht zwischendrin seine Arbeit einfach liegen lassen und ihm den Bauch kraulen oder sich von ihm daran erinnern lassen kann, dass die Rechnungen auch noch ein bisschen warten können, weil es Zeit zum Rausgehen und Spielen ist! Sie sollten Ihren Hund nur nicht lernen lassen, dass er alles bekommt, was er will und wann er will, indem er von Ihnen fordern kann, dass Sie seine Wünsche *stets auf der Stelle erfüllen!* Falls Sie einen jungen Hund haben, der ganz klar Aufmerksamkeit und Bewegung braucht, Sie aber noch die E-Mail zu Ende bringen müssen, die Sie gerade schreiben, dann sagen Sie »genug«, während er an Ihrem Bein kratzt (oder was auch immer seine Version zum Einfordern von Aufmerksamkeit ist), tätscheln ihn patsch-patsch auf den Kopf und schauen zur Seite. Sobald er aber aufgibt und von Ihnen ablässt, stehen Sie auf (sagen Sie nichts, Worte tun hier nichts zur Sache) und geben ihm ein mit gefrorenem Futter gefülltes Hohlspielzeug, das Sie zuvor ganz clever im Tiefkühlfach für diesen Moment deponiert hatten. Legen Sie es ihm an genau die Stelle, an der er von Ihnen abgelassen hatte, selbst wenn er inzwischen aufgestanden und Ihnen aus dem Raum gefolgt sein sollte.

Nun können Sie Ihre E-Mail zu Ende schreiben und Ihr Hund ist glücklich an Ihrer Seite mit etwas beschäftigt. Vor allem hat er gelernt, dass es sich eher lohnt, sich hinzusetzen oder hinzulegen anstatt Sie wie einen Spielautomaten zu bearbeiten. Besonders hilfreich ist das bei jungen Hunden, die sich noch kaum beherrschen können. Es entspricht in etwa dem, einem Kleinkind im Restaurant ein Malbuch und Buntstifte zu geben, während man selbst zu Ende isst – warum sollte man sich das Leben unnötig schwer machen? Es ist nichts falsch daran, alle Beteiligten zufrieden beschäftigt zu halten, bis es wieder Zeit für gemeinsame Taten ist.

Wie Sie nicht mit Ihrem Hund spielen sollten

Auf das Risiko hin, wie die Spaßverderberinnen persönlich zu klingen, haben wir noch vieles dazu zu sagen, wie Sie *nicht* mit Ihrem Hund spielen sollten. Dazu haben wir schon zu viele verzweifelte Besitzer erlebt, deren Hunde durch unangemessenes Spielen in richtig große Schwierigkeiten geraten waren. Erinnern Sie sich, dass wir anfangs sagten, Spielen sei eine ernste Angelegenheit? Und das ist es wirklich – Hunde können sterben und Menschen schlimm verletzt werden, nur weil jemand so mit einem Welpen gespielt hat, dass er damit spätere Verhaltensschwierigkeiten heraufbeschworen hat. Die folgenden Ratschläge basieren auf unseren zusammengenommen dreißig Jahren Erfahrung in der Arbeit mit Menschen und Hunden und entspringen unserer besten Absicht. Wir sind absolut dafür, dass Sie mit Ihrem Hund Ball spielen – nur passen Sie bitte auf, dass Sie nicht selbst zum Ball werden!

Sie sind kein Spielzeug

Keine gute Idee ist es, wenn Sie Ihren Hund beim Spielen in Ihre Arme und Hände beißen lassen – auch, wenn es nur ein sanftes »Anfassen« mit den Zähnen ist. Es stimmt zwar, dass manche Hunde das ihr Leben lang tun und trotzdem niemals deswegen in Schwierigkeiten geraten. Vielleicht kennen Sie selbst einen Hund, der immer so gespielt und noch nie jemandem wehgetan hat. Das ist toll, aber leider bekommen Trainer und Verhaltensexperten nur zu oft die andere Seite zu sehen – Hunde, die mitten während des Spiels jemand verletzen, und zwar mitunter schwer.

Der Kern des Problems ist dieser: Das Schönste am Spielen ist das Gefühl fröhlicher Ausgelassenheit, das oft damit einhergeht. Ausgelassenes Spiel macht es uns möglich, einige unserer Hemmungen abzulegen – das ist einer der Gründe dafür, warum es uns so gut tut. Wir können dem Kind in uns zu seinem Recht verhelfen (und vielleicht auch den Welpen in uns entdecken) und den unschuldigen Überschwang der Jugend erleben. Spielen ist schlicht und einfach spannend, und genau deshalb macht es so viel Spaß.

Spannung ist aber eine Form gefühlsmäßiger Aufregung, und so aufmunternd sie auch sein kann, so kann doch ein kleines Zuviel an Aufregung zu Schwierigkeiten führen. Das trifft auf jede Art von Lebewesen zu, die sich in etwas hineinsteigern kann, uns selbst inbegriffen. Aufregung ist bei Menschen das, was Hockeyspiele zu Boxkämpfen und Fußballspiele zu Randalen werden lässt. Sicher ist es unrealistisch, von unseren Hunden zu erwarten, mehr emotionale Kontrolle an den Tag zu legen, als wir selbst es tun!

Wenn Hunde sehr aufgeregt sind, können sie ihr eigenes Verhalten nicht so gut kontrollieren wie im »unaufgedrehten« Zustand. Aufgeregte Hunde neigen stärker zum Einsatz ihrer Zähne, und ihre Aktionen werden heftiger. Spielhandlungen wie »mit den Zähnen anfassen«, Hochspringen und Anrempeln können viel Schaden verursachen, wenn sie mit zu großer Heftigkeit durchgeführt werden. Außerdem können sie einen Spielpartner verängstigen oder überfordern.

Hunde, die im Spiel mit den Zähnen nach Händen und Armen fassen, tun dies mit allzu großer Wahrscheinlichkeit fester, wenn das Spiel übermäßig aufregend wird. Manchmal finden solche Bisse tatsächlich versehentlich statt, manchmal sind sie aber auch das Ergebnis eines Hundes, der seine Fassung verloren und aus Wut oder Frustration heraus gebissen hat. Spielplatzprügeleien sind absolut nichts, das auf Grundschulen beschränkt ist – auch in Hundeparks kommt es öfter vor, dass die Lage von fröhlicher Aufregung in Irritation eskaliert, und von Irritation in Aggression. Kluge Besitzer behalten miteinander spielende Hunde immer im Auge und wissen, wann es nötig ist, die Sache zu unterbrechen.

Auch wenn Hunde mit Menschen spielen, können sie zu sehr überdrehen. Wenn man selbst mitten in der Aufregung steckt und Spaß hat, kann es dann schwieriger sein, die Anzeichen dafür beim Hund zu erkennen – bis es schon zu spät ist und der ganze Spaß mit einem Mal vorbei ist. Wenn Hunde sich erst einmal richtig aufgedreht haben, ist es nicht immer einfach, sie wieder zu beruhigen – besonders dann, wenn sie gerade an Ihrem Ellbogen hängen.[8]

Möglicherweise sind es nicht Sie selbst, der oder die es zu spüren bekommt, wenn Ihr Hund in Schwierigkeiten gerät. Wir haben zu viele Fälle von Hunden erlebt, die zwar mit einer bestimmten Person angemessen spielten, nicht aber mit allen anderen. Vielleicht fasst Ihr aus einer Arbeitshundelinie stammende Labrador Retriever nur sanft mit den Zähnen die Hand Ihres Mannes – beißt aber dann ungehemmt nach Ihnen, wenn Sie mit ihm an der Leine spazieren zu gehen versuchen. Vielleicht haben Sie einen niedlichen Cocker Spaniel, der im Spiel freundlich nach

---

[8] Siehe S. 79 zu den Anzeichen für einen überdrehten Hund.

Ihrem Arm »schnappt«, ein fünfjähriges Kind mit dem gleichen Verhalten aber in Angst und Schrecken versetzt. (Wissen Sie, wie man S-t-r-a-f-a-n-z-e-i-g-e schreibt?) Bedenken Sie, dass die Handlungen sowohl von Hunden als die von Menschen fast ganz unbewusst begonnen werden können, wenn sie nur oft genug wiederholt wurden. (Denken Sie nur einmal an Ihren Fuß, wie er das Bremspedal tritt – müssen Sie sich bewusst dazu entscheiden, Ihren Fuß vom Gas zu nehmen?) Wenn ein Hund Jahre damit verbracht hat, seine Kiefer um die Körperteile von Menschen herum zu schließen, wird er weniger gehemmt sein, dies in der falschen Situation ebenfalls zu tun. Das Ergebnis können verletzte Körper und gebrochene Herzen sein – nehmen Sie also unseren Rat an und gehen Sie diesen Weg nicht.

Beginnen Sie früh

Wenn Sie einen Welpen zu sich nehmen, liegt es an Ihnen, ihm beizubringen, dass er auch im Spiel nicht nach Ihren Händen oder Armen (oder Füßen oder Knöcheln oder Waden oder Schultern oder Haaren oder Nasen) beißen soll. Die ersten Spielsachen eines Welpen sind seine Wurfgeschwister, sodass jeder junge Hund mit der Angewohnheit in sein neues Zuhause kommt, dass er nach allem packen kann, um das er seine Kiefer herumkriegt. Sie können das zu Ihrem Vorteil nutzen und dem Welpen beibringen, dass Menschenhaut sehr dünn ist und er mit seinen Zähnen in Gegenwart von Menschen besonders gut aufpassen muss. Man nennt dies »Lernen der Beißhemmung«.

Versuchen Sie, schnell und laut AUA! zu rufen, wenn ein Welpe mit seinen Zähnen Druck auf Ihre Hand oder Ihren Arm ausübt. Sie müssen ihn nur so viel erschrecken, dass er Ihre Hand loslässt, und sei es auch nur für den Bruchteil einer Sekunde. In genau diesem Augenblick fordern Sie ihn sofort zum Spielen mit einem geeigneten Spielzeug auf, das Sie vor ihm hin und her schwenken (nicht allzu dicht vor seinem Gesicht, um ihm keine Angst zu machen!) und dann etwa einen halben Meter weit von ihm wegwerfen. Wenn wir »fordern Sie ihn sofort zum Spielen auf« sagen, meinen wir auch wirklich *sofort* (etwa eine halbe Sekunde). Wenn Ihr Welpe gerade in den Spielmodus geschaltet ist, möchte er seine Kiefer um irgendetwas herumschließen (egal was!) – also halten Sie eine Alternative für ihn bereit, bevor er wieder Ihr Handgelenk erwischt! Bringen Sie ihm bei, dass es sehr viele Spielzeuge auf der Welt gibt, aber dass Ihr Körper nicht dazu zählt. Wenn Sie einen Welpen im Haus haben, gewöhnen Sie sich an, immer ein Spielzeug in der Tasche zu haben – es wird sich in den folgenden Monaten und Jahren auszahlen. Wir haben noch eine letzte, aber wichtige Anmerkung zum Thema Welpen und Spielen.

So jung Ihr Welpe auch sein mag, er lernt in jeder Sekunde, die Sie mit ihm zusammen sind, und jede Lektion bestimmt, wie er sich als Erwachsener benehmen wird. Es mag ja niedlich sein (OK, es *ist* niedlich), wenn ein kleiner Welpe Ihnen auf den Schoß hüpft und Ihnen das Gesicht abschlabbert, aber es ist nicht mehr ganz so niedlich, wenn er vierzig Kilo wiegt und Ihre gute alte Tante Nellie umwirft.

Natürlich kann man von einem Welpen nicht erwarten, die Manieren eines erwachsenen Hundes zu haben, genauso wenig wie man von kleinen Kindern erwarten kann, drei Stunden lang leise in einer Opernaufführung sitzen zu bleiben. Das heißt natürlich wiederum nicht, dass wir junge Hunde sich auf eine Art und Weise benehmen lassen sollten, die nicht mehr so niedlich sein wird, wenn die Zeit der »Welpenprivilegien« erst einmal vorbei ist. Lernen Sie, sich jede Aktion Ihres Welpen an einem ausgewachsenen Hund vorzustellen und denken Sie dann gut darüber nach, welche Verhaltensweisen Sie fördern und welche Sie hemmen möchten.

Kein grobes Rauf- und Bolzspiel

Wir entschuldigen uns hiermit vorab bei den Männern dieser Welt, weil diese Empfehlung sich in erster Linie an sie richtet. Fast alle unsere Kunden, die mit Hunden spielerisch raufen oder bolzen, sind Männer. Es handelt sich also eindeutig um eine Männersache, keine Frage. »Grobes Rauf- und Bolzspiel« ist unter den Männchen mancher Primatenarten so weit verbreitet, dass Wissenschaftler es als Merkmal zur Geschlechtsidentifizierung der Einzeltiere nutzen können. Wir beide mögen Männer (Männer im Allgemeinen und unsere eigenen im Besonderen) – Sie können uns also glauben, wenn wir Ihnen versichern, dass wir weder sexistisch noch überkritisch sind, wenn wir uns gegen das Raufen mit Hunden aussprechen. Wir versuchen nur, Sie und Ihren Hund aus Schwierigkeiten herauszuhalten, wenn Sie beide miteinander spielen.

Raufspiele wirken sehr anregend, und Aufregung kann aus jedem Hund das Beste herausholen. Denken Sie daran, dass viele der Aktionen hündischen Spiels denjenigen ähneln, die in ernsthaften Kämpfen oder zum Erlegen von Beute gezeigt werden. Ein Hund, der die Aktionen eines anderen Individuums falsch interpretiert, ist vielleicht der Meinung, dass er sich nur selbst verteidigt, oder er fühlt sich dazu genötigt, den anderen Hund daran zu erinnern, was angemessen ist und was nicht. Es ist das gleiche grundlegende Problem wie das, das Hunde in Schwierigkeiten bringt, wenn Sie sich von ihnen beißen lassen – mit dem Unterschied, dass Sie sich während solcher Rauf- und Ringkämpfe am Boden befinden, mit Ihrem Gesicht in unmittelbarer Nähe zu einem Raubtier, das rasiermesserscharfe Zähne im Maul hat.

Bedenken Sie all das, wenn Ihre fünf Jahre alte Nichte sich auf den Boden herablässt und mit dem Hund zu spielen beginnt. Natürlich gibt es Hunde, die jahrelang solche Ringkämpfe mit Menschen machen können und trotzdem nie ein Problem bekommen oder die niemals ein Kind verletzen würden, was auch immer das Kind tut. Aber bitte glauben Sie uns, dass es auch Hunde gibt, bei denen es fünf Jahre lang gutging, bis ... Wir haben zu viele dieser Fälle in unserer Sprechstunde gesehen, und wir möchten nicht, dass Sie der nächste sind.[9]

Entfernen Sie den Hänselfaktor

Überlegen Sie sich gut, ob und wann Sie Ihren Hund hänseln. Es ist nicht immer unbedingt schlecht – manchmal kann es das Interesse des Hundes an einem Spielzeug oder Spiel wecken, wenn Sie ihm ein wenig »so leicht kriegst du es aber nicht« vorspielen. Wenn Sie es damit aber übertreiben, können Sie den Hund entweder frustrieren oder ihm beibringen, Ihnen gar nicht mehr zu trauen. Es ist prima, ein Zerrspielzeug für einen kurzen Moment aus dem Zugriffsbereich des Hundes zu bewegen, aber sobald er wirklich interessiert danach schaut, geben Sie es ihm auch wieder. Es kann Spaß machen, den Hund auszutricksen, indem man so tut, als würde man den Ball in eine Richtung werfen und dann doch die andere nehmen, aber übertreiben Sie so etwas nicht. Das Spiel sollte Ihrem Hund genauso viel Spaß machen wie Ihnen.

Folgende Hänseleien sollten Sie *niemals* mit Ihrem Hund machen: Ihn mit dem Finger pieksen, ihn kneifen oder mit der flachen Hand nach ihm klatschen und dann die Hand zurückziehen, bevor der Hund kneifen kann. Damit lösen Sie eine garantiert und fest gebuchte Fahrkarte in Richtung Schwierigkeiten. Eine von uns hatte einmal eine Kundin, für deren Border Collie ein neues Zuhause gesucht werden musste, weil ihr Mann mit dem Hund so oft das »Backpfeifen-Spiel« gespielt

---

[9] Wir sollten noch erwähnen, dass es zum richtigen Spielen mit Familienhunden weit verbreitet unterschiedliche Ansichten gibt. Gelegentlich wurde über das Thema Spielen in unseren Sprechstunden so heiß diskutiert, dass wir uns größere Sorgen um Aggressionen von Seiten der Menschen als von Seiten ihres Hundes machten. Es ist verständlich, dass Männer und Frauen unterschiedliche Ansichten dazu haben, wie man mit Hunden spielen sollte – die Forschung zeigt absolut deutlich, dass die verschiedenen Geschlechter im Allgemeinen unterschiedlich spielen, und das spiegelt sich auch darin wider, wie wir mit unseren Hunden spielen. Alles, was wir dazu sagen können, ist: 1) Wir sympathisieren, 2) Wir haben gute Gründe für unsere Ratschläge, wie im Text erklärt und 3) Wir sind froh, dass es Eheberater gibt.

hatte, dass der Hund jedes Mal schnappte, wenn jemand die Hand nach ihm ausstreckte. Manche Menschen geben einem Hund angetäuschte Ohrfeigen, um ihn zum Spielen munterer zu machen – das mag auch sehr effektiv funktionieren, führt aber oft zu genau der Art überdrehten Spiels, die in Problemen enden kann. Schlimmer noch – es lehrt den Hund zu schnappen und endet nur zu oft mit echten Beißproblemen.

Es gibt noch einen anderen Grund, warum man diese Art von Spiel vermeiden sollte, und zwar einen wirklich zwingenden. Hunde durch Pieksen oder Anklatschen zu hänseln kann zwar für die Person, die es tut, sehr lustig sein (»Schau mal, was er dann macht!«), aber für den Hund ist es ganz bestimmt nicht lustig. Diese Art von »Spiel« hat gewisse Ähnlichkeiten mit dem, was ungezogene Kinder auf Spielplätzen tun, wenn sie ihre größere Stärke ausnutzen, um Kleinere oder Schwächere zu hänseln oder zu verängstigen. Das ist alles andere als nett und freundlich. Die »Hänseler« sollten außerdem bedenken, dass Hunde im Gegensatz zu dem menschlichen Schwächling-Dickerchen am Strand messerscharfe Waffen in ihren Mäulern haben und sie auch manchmal benutzen, wenn sie frustriert sind. Und Frustration ist ein Gefühl, das bekanntermaßen nicht zu bedachten und gemäßigten Reaktionen führt. Bringen Sie Ihren Hund also nicht einen Zustand, der der Frustration von im zähen Verkehr steckenden Autofahrern gleicht, um ihm dann die Schuld daran zu geben, was weiter passiert.

Die letzte Art des Hänselns, die viele Menschen (und Hunde) in Schwierigkeiten bringt, sind sogenannte »Blickduelle«. Wenn Sie Ihr Gesicht wenige Zentimeter vor das Ihres Hundes halten und ihm aggressiv in die Augen starren, garantieren wir Ihnen, dass er nicht etwa »Oh toll, wir spielen ein klasse Spiel!« denkt. Direkte Blicke sind in der Hundegesellschaft direkte Drohungen (wie sie es auch unter Menschen sein können). Sie können es zwar vielleicht schaffen, die Drohung durch fröhliche Worte und eine Spielverbeugung etwas abzumildern, aber warum sollte man überhaupt so etwas tun? Unserer Erfahrung nach sind Hunde durch den ausgesendeten Signalmix entweder verwirrt oder glauben, dass sie von Ihnen bedroht werden. Natürlich reagieren Hunde unterschiedlich. Bestimmten von ihnen brauchen Sie nur direkt in die Augen zu starren und können sofort anschließend zur Notaufnahme gehen. Arbeitende Hütehunde oder Polizeihunde zum Beispiel nehmen diese Art direkten Blickkontakts sehr ernst. »Blickduelle«, die von 150 Kilo schweren Schafböcken oder von entflohenen Häftlingen ausgehen, verlangen von den Hunden, in die Offensive zu gehen – woher sollen sie wissen, dass Sie in diesem Fall nur Spaß machen wollen?

Andere Hunde bekommen bei Blickduellen einfach Angst. Wenn Sie absichtlich in die Augen eines sanftmütigen, unterwürfigen Hundes starren, können Sie erwarten, dass er sich entweder unter dem Sofa versteckt oder auf den Teppich pinkelt. Wer hat jetzt noch Spaß? Natürlich hängt die Reaktion Ihres Hundes auch von Ihren Körperbewegungen und dem Zusammenhang ab, in dem Ihr Blickkontakt stattfindet. Wir sagen nicht, dass Sie Ihrem Hund niemals in die Augen schauen sollten, aber Ihr Hund kennt den Unterschied zwischen einem freundlichen Augenkontakt und einem intensiven Blickduell genauso gut wie Sie. Tun Sie Ihrem Hund einen Gefallen und wählen Sie eine freundlichere und ungefährlichere Art, selbst Spaß zu haben.

Die Zeichen für Übererregung erkennen

Egal wie Sie mit Ihrem Hund spielen – vielleicht ist Ihrer genau der Typ, der leicht überdreht, wenn er sich zu sehr aufregt. Genau wie manche Kinder neigen auch manche Hunde von Natur aus stärker dazu, sich selbst in eigentlich unspektakulären Situationen in eine Spirale der Aufregung hineinzusteigern. Andere Hunde, besonders halbwüchsige, haben ihre Gefühls-Thermostate noch nicht perfekt eingestellt und brauchen die Hilfe ihrer Besitzer, um zu lernen, wie sie ihre Emotionen im Zaum halten können. So oder so ist es für alle Hunde wichtig, dass ihre Besitzer die Anzeichen übermäßiger Erregung erkennen und wissen, wann und wie man die Dinge wieder beruhigt, bevor sie außer Kontrolle geraten.

Beginnen Sie damit, Ihren Hund während des normalen Spielens aufmerksam zu beobachten. Schauen Sie genau hin, wie er seinen Körper bewegt und wie seine Augen aussehen. Hören Sie aufmerksam auf sein Bellen und spielerisches Knurren, falls er ein Hund ist, der beim Spielen gern viele Töne macht. Machen Sie sich mit seinem normalen Repertoire vertraut, denn Hunde neigen dazu, genau die gleichen Sachen zu machen, wenn sie aufgeregt sind – nur eben mehr davon. Im Allgemeinen werden ihre Bewegungen schneller, die Luftsprünge höher und ihr Bellen wird lauter. Mitunter wird Ihnen auffallen, dass die Bewegungen schlechter koordiniert und ungenauer aussehen, als ob die Hunde auch körperlich außer Kontrolle geraten würden (was sie tatsächlich tun!). Wenn ein Hund im Spiel knurrt, hören Sie genau hin, ob das Knurren während des Spiels vielleicht im Tonfall tiefer wird und bedrohlicher klingt. Beim Bellen achten Sie darauf, ob es schneller und im Tonfall – ironischerweise – höher wird.

Manche Hunde zeigen auch zusätzliche, ungewohnte Aktionen, wenn sie überdreht sind. Hunde, die gesittet Tauziehen oder Apportieren gespielt haben, könnten zum

Beispiel plötzlich hochspringen und nach Ihrem Arm schnappen. Seien Sie besonders vorsichtig, wenn Ihr Hund mehrfach an Ihnen hochzuspringen beginnt und sich dabei vielleicht mit den Vorderpfoten an Ihnen abstößt, Sie mit dem Maul stupst oder seine Zähne zusammenschlägt, während sein Kopf in Ihre Richtung kommt. Das sind Hunde, die ihre Impulskontrolle verlieren und überdrehen könnten, und sie teilen Ihnen mit, dass Sie das Zielobjekt ihrer aufgestauten, ungezügelten Energie sein werden. Falls das passiert, ist es an der Zeit, dass Sie den Spielplatzaufseher in Ihnen zum Dienst rufen. Wie das geht, werden wir im nächsten Abschnitt erklären!

Zu den anderen Zeichen dafür, dass ein Hund überdreht, gehört das Zurückziehen der Lefzenwinkel, so, als ob der Hund wegen extremer Überhitzung hecheln würde (es aber gar nicht so heiß ist). Ein weiterer Vorbote für das Überdrehen ist ein Hund, der einfach nicht mit dem aufhören kann, was er gerade tut – Sie rufen, verlangen von ihm Sitz, Komm oder Platz und er hüpft weiterhin bellend und außer sich umher. Ein starrer Blick und gerundete Pupillen können ebenfalls ein Anzeichen dafür sein, dass ein Hund gefühlsmäßig überfordert ist – ein weiterer Grund dafür, sich selbst ein präzises Bild davon zu verschaffen, wie Ihr Hund beim unproblematischen Spielen aussieht.

Sie sollten noch nach einem weiteren wichtigen Verhalten Ausschau halten, das zwar nicht unbedingt mit Übererregung zu tun, aber potenziell gefährlich ist. Wenn Ihr Hund bei fest geschlossenem Maul eine ganz starre und unbewegliche Körperhaltung einnimmt, sendet er Ihnen damit möglicherweise ein Warnsignal, dass er zu beißen gedenkt. Gesittet spielende Hunde halten oft für ein oder zwei Sekunden inne und schauen Sie an (eine Art selbst auferlegter hündischer Auszeit zur Vermeidung von Übererregung), aber ihre Körper bleiben dabei immer locker und entspannt und die Mäuler normalerweise offen. Wenn Ihr Hund aber jedes Spiel einstellt, starr und leise wird und Sie mit hartem und rundem Blick direkt anstarrt, dann versuchen Sie sofort »das Thema zu wechseln«, indem Sie zum Beispiel sagen: »Willst Du dein Fressen?« oder »Komm, spazieren gehen!« und weggehen. Ihr nächster Schritt ist dann der zum Telefon – rufen Sie einen guten Trainer oder Verhaltenstherapeuten an.

Wenn Sie unsicher sind, ob das Verhalten Ihres Hundes noch innerhalb des Rahmens normalen Spielens liegt, zögern Sie nicht, einen erfahrenen Trainer oder Verhaltensexperten zu Rate zu ziehen. Wenn man sich zum ersten Mal wirklich bewusst damit beschäftigt, die visuellen Signale von Hunden lesen zu lernen, ist es nicht ungewöhnlich, dass man sich über Körperhaltungen und Gesichtsausdrücke

Sorgen zu machen beginnt, die einem vorher noch nie aufgefallen sind. Dieses Phänomen gibt es in vielen verschiedenen Bereichen – junge Biologiestudenten entdecken, dass die Welt von Bakterien nur so überschwemmt ist und beginnen sich zwanghaft Gedanken darum zu machen, was sich alles auf der Türklinke befindet. Medizinstudenten lernen die Symptome seltener Krankheiten auswendig und haben plötzlich den Eindruck, einige davon an sich selbst zu entdecken. Wenn Ihr neu erworbenes Wissen sich also wie eine gefährliche Sache anzufühlen beginnt, fragen Sie jemand mit mehr Erfahrung, der Ihnen beim Dechiffrieren Ihrer Beobachtungen helfen kann.

Überdrehen vermeiden – bringen Sie Ihrem Hund »Fertig!« bei

Da es immer besser ist, Problemen vorzubeugen anstatt sie später lösen zu müssen, sollten Sie sich auch Gedanken darum machen, welche Rolle *Sie* in den Gefühlen Ihres Hundes spielen. Fragen Sie sich, ob Sie oder Ihre Familienmitglieder vielleicht dazu beitragen, den Hund in einen überdrehten Gemütszustand zu bringen. Hunden beim richtig begeisterten Spielen zuzuschauen macht viel Spaß, und so überrascht es nicht, dass Besitzer ihre Hunde dazu ermuntern, sich beim Spielen albern und hemmungslos zu benehmen. Oft ist das ja auch in Ordnung, aber Sie sollten unbedingt den Unterschied zwischen »lustig albern« und »so überdreht, dass er gleich die Kinder beißt« erkennen können. Seien Sie sich deshalb Ihrer eigenen Aktionen bewusst und beobachten Sie, inwiefern Sie den ohnehin schon aufgeregten Hund mit Ihrer Stimme oder schnellen, plötzlichen Bewegungen aufputschen. Wenn Sie Ihren Hund wirklich so richtig überdrehen wollen, müssen Sie natürlich nur das grobe Rauf- und Bolzspiel oder Hänseln mit angedeuteten Ohrfeigen ausprobieren, von dem wir zuvor gesprochen haben!

Es ist bemerkenswert einfach, dem Hund ein Signal für »Fertig!« beizubringen, und es wird Ihnen in vielen Situationen nutzen.[10] Sie können dazu alles nehmen, was vom Klang her nicht mit einem anderen Signal zu verwechseln ist, vielleicht »Fertig« oder »Genug«. Beginnen Sie damit, dass Sie wie immer mit Ihrem Hund spielen – vielleicht werfen Sie einen Ball oder spielen Tauziehen. Sobald Ihr Hund mitten im Spiel ist, sagen Sie »Fertig« mit tiefer, aber ruhiger Stimme und ändern sofort Ihre Körperhaltung. Stellen Sie sich gerade aufrecht, leicht zur Seite gedreht

---

[10] Dieses Signal ähnelt dem für »abregen«, das Sie Ihrem Hund bei den Zerrspielen beibringen. Wir fügen es hier für diejenigen ein, die keine Zerrspiele spielen, weil die Bedeutung von Pausen für gutes Spielen gar nicht hoch genug eingeschätzt werden kann.

und schauen Sie von Ihrem Hund weg. Pausieren Sie für einen Moment, halten Ihren Körper entspannt und bleiben still und aktionslos. Die meisten Hunde stehen dann ebenfalls einen Moment lang still und warten, was als Nächstes geschieht. Wenn das der Fall ist, sagen Sie mit tiefer, ruhiger Stimme »Guuuuuuter Hund!« und dehnen das »guuuuuuter« so lange, dass Sie eine ganze Sekunde dafür brauchen. Nehmen Sie dann das Spiel sofort wieder auf. Erwarten Sie keine zu lange Pause – ein kleiner Moment der Ruhe ist alles, was wir wollen. Wenn Sie zu lange warten, verpassen Sie den richtigen Moment und der Hund wird versuchen, von sich aus das Spiel wieder in Gang zu bringen.

Falls Ihr Hund auf die Änderung Ihres Verhaltens nicht mit einer Pause reagiert, und sei sie auch nur eine halbe Sekunde lang, drehen Sie sich um, gehen weg und machen klar, dass das Spiel beendet ist. Die allermeisten Hunde werden aber innehalten, wenn Sie es auch tun (Sie erinnern sich, dass Pausen auch zum normalen Spiel unter Hunden gehören) und Ihnen die Chance geben, sie für den kurzen Moment der Beruhigung bestärken zu können. Der häufigste Fehler ist, zu lange zu warten, bevor man entweder »gut« sagt oder weiterspielt.

Sie müssen das nicht in jeder Spieleinheit wieder und wieder üben – ein oder zwei Mal sind genug. Wir beenden unsere Spieleinheiten auch immer mit »Fertig!«, was junge, energiegeladene Hunde daran hindert, uns ins Gesicht zu springen oder Tennisbälle in unsere Mägen zu rammen. Ein zusätzliches Sichtzeichen ist hilfreich – versuchen Sie einmal, beide Arme mit nach vorn zeigenden offenen Handflächen ab dem Ellbogen zur Seite zu drehen, während Sie »Fertig« sagen. Dann hören Sie mit Entschlossenheit zu spielen auf und gehen weg. Das funktioniert zwar nicht wie ein Zaubertrick, aber es ist erstaunlich, wie viele Hunde diese Geste unmittelbar verstehen und davontrotten, um im Gras umherzuschnüffeln.

Denken Sie daran, dass Sie im Training die kurze Pause dann von Ihrem Hund verlangen müssen, bevor er zu überdreht ist. Er muss eine sehr gute Chance haben, richtig auf Ihre Aufforderung zu reagieren und folglich bestärkt zu werden. Sobald er gelernt hat, sich auf Ihr Signal hin zu beruhigen, wird er genau dies mit viel größerer Wahrscheinlichkeit auch dann tun, wenn er sich stärker aufzuregen beginnt. Eine neue Sache kann man aber nur dann lernen, wenn man nicht zu aufgeregt zum Denken ist!

Was tun, wenn Ihr Hund überdreht?

Manchmal können selbst die besten Trainer nicht verhindern, dass ein Hund außer Kontrolle gerät. Falls Ihnen das passiert, besteht Ihr erster Job darin, selbst die Ruhe zu bewahren. Überdrehte Hunde produzieren so viel Energie, dass sie zur Versorgung einer Kleinstadt ausreichen würde – und das Letzte, was Sie brauchen können ist, zusätzliches Öl ins Feuer zu gießen. Wenn Sie schon das Signal »Fertig« trainiert haben, versuchen Sie es als Erstes damit und achten Sie darauf, mit ruhiger, tiefer Stimme zu sprechen. (Wir wissen, dass dies leichter gesagt als getan ist.) Aber selbst wenn Sie innerlich NEIN NEIN NEIN NEIN! schreien, versuchen Sie Ihren Mund zu überzeugen, so zu sprechen, als ob Sie die Situation vollkommen unter Kontrolle hätten. (Das ist Ihre Chance, Ihr Schauspieltalent zu entdecken!) Achten Sie auf Ihren Körper: Bewegen Sie sich nur so viel wie nötig, langsam, aber nicht zögerlich.

Sie können auch versuchen, Ihren Hund in Ihrer ruhigsten und sichersten Stimme zum Sitzen aufzufordern. Verwenden Sie parallel dazu ein klares Sichtzeichen – Sichtzeichen erreichen in der Regel eher die Aufmerksamkeit von Hunden, besonders im Zustand der Aufregung. Wenn Sie es schaffen, Ihren Hund zum Hinsetzen zu bringen, und sei es nur für einen Moment, haben Sie schon halb gewonnen. Die Körperhaltung Ihres Hundes beeinflusst auch seine Gefühle, und beim Hinsetzen kommen zusammen mit dem Hinterteil auch seine Nerven herunter. (Es hat seinen guten Grund, warum Polizeibeamte die Beteiligten an häuslichen Streitereien meistens zum Hinsetzen auffordern!)

Wenn Ihr Hund sich zwar hinsetzt, aber sofort wieder aufspringt, macht das nichts – verlangen Sie einfach erneut »Sitz«. Sie können auch »Bleib« verlangen, wenn das etwas ist, was Ihr Hund schon beherrscht, aber es ist auch in Ordnung, mehrere »Sitz« hintereinander zu verlangen, solange Sie selbst dabei ruhig und gelassen bleiben. Immer dann, wenn Ihr Hund sich auch nur im Geringsten beruhigt, sagen Sie wieder das lange, beruhigende »guuuuuuut«, um ihn zu bestärken, ohne ihn dabei gleichzeitig wieder aufzuregen.

Wenn Sie keine Reaktion bekommen, können Sie auch versuchen, Ihren Hund mit einem Signal zu überraschen, das er aus einem völlig anderen Zusammenhang kennt – zum Beispiel »Fressenszeit!« oder »Spaziergang?«. Was macht es schon, dass Sie gerade auf der Hundewiese sind und der Futternapf fünf Kilometer entfernt ist? Wenn Sie es schaffen, Ihren Hund aus der emotionalen Aufwärtsspirale herauszubekommen, ist alles gut! Wenn es funktioniert, bestärken Sie die Aufmerksamkeit des Hundes mit »guuuuuuuuter Hund« oder anderen beruhigenden Lobworten. (Vermeiden Sie Lobworte, die den Hund weiter aufputschen wie zum Beispiel »Ja-ja-ja-ja!!«. Sie können auch versuchen, einfach wegzugehen oder ohne Aufhebens und Worte die Leine am Halsband zu befestigen und selbstbewusst wegzugehen. Es ist eine Option, die professionelle Hundetrainer gern und oft einsetzen, wenn sie es aufgrund der Lage für nötig halten.

Fazit

Neben der so einfachen wie wichtigen Tatsache, dass Spielen Spaß macht, besitzt es auch großen Wert. Was Spielen für Sie und Ihren Hund in Sachen Training, Impulskontrolle und sozialer Bindung bewirken kann, ist nicht weniger als außergewöhnlich. Spielen hat Macht und verdient, dass wir alle ihm eine hohe Priorität einräumen. Wir wünschen allen, die Hunde haben, dass sie mit ihnen fröhlich und unbeschwert spielen und immer wieder neue Spielmöglichkeiten entdecken. Wir sind zutiefst davon überzeugt, dass dies sowohl Hunde als auch Menschen glücklicher macht – abgesehen davon, dass es unsere wundersame gegenseitige Beziehung noch stärker macht.

Um es mit den Worten des weisen Ralph Waldo Emerson zu sagen:

»Es ist ein glückliches Talent, zu wissen, wie man spielt.«

Klappen Sie das Buch in diesem Sinne mit unseren besten Wünschen zu ... es ist Zeit zu spielen!

Danksagung

Um ein Buch zu schreiben, benötigt man ein ganzes Dorf (oder ein Rudel?), und wir sind vielen Menschen für ihre Ratschläge und ihre Ermunterungen dankbar. Ian Dunbar, Aimee Moore und Pia Silvani waren für uns wichtige Quellen der Information und Inspiration zum Thema Spielen, was unsere Hunde zu schätzen wussten. Wir danken auch allen, die das Manuskript durchgesehen haben: Rick Axsom, Andrea Jennings, Aimee Moore, Denise Swedlund, Julie Vanderloop und Chelse Wieland haben uns wertvolle Rückmeldungen zu den ersten Manuskriptentwürfen gegeben. Dankbar sind wir außerdem unserer außergewöhnlichen Spielsachenexpertin Julie Vanderloop und unseren hart arbeitenden Spielzeugtestern: Bugsy, Cooper, Keanu, Lassie, Mia, Ringo, Makara, Will und Zooey. Wir danken unserer Lektorin Susan Tasaki für ihr Können in der Manuskriptreparatur und dafür, dass sie ihre Arbeit so zügig erledigt hat. Wir wünschten, alle die hier Erwähnten – Menschen wie Hunde – könnten eines Tages einmal zum Spielen herüberkommen!

Quellen und Lesetipps

Allgemeine Erziehungsbücher und Bücher zum Thema Spielen
Dunbar, I.: *How to Teach a New Dog Old Tricks.* Berkeley, CA, James and Kenneth, 1996.

King, T.: *Parenting Your Dog.* Neptune, NJ, T.F.H. Publications, 2004. (In deutscher Übersetzung erschienen unter: *Hundekunde kinderleicht.* Kynos Verlag, Nerdlen, 2009).

McConnell, P.B.: *The Other End of The Leash: Why We Do What We Do Around Dogs.* New York, Ballantine, 2002. (In deutscher Übersetzung erschienen unter: *Das andere Ende der Leine. Was unseren Umgang mit Hunden bestimmt.* Kynos Verlag, Nerdlen, 2004).

McConnell, P.B. und Moore, A.M.: *Familiy Friendly Dog Training.* Black Earth, WI, McConnell Publishing, 2006. (In deutscher Übersetzung erschienen unter: *Die Hundegrundschule. Ein Sechs-Wochen-Lernprogramm.* Kynos Verlag, Nerdlen, 2008).

Miller, P.: *Positive Perspectives 2: Know Your Dog, Train Your Dog.* Wenatchee, WA, Dogwise Publishing, 2007.

Silvani, P. & Eckhardt, L.: *Raising Puppies and Kids Together.* Neptune City, NJ, T.F.H. Publicatons, 2005. (In deutscher Übersetzung erschienen unter: *Welpen und Kinder: So werden sie gemeinsam groß.* Kynos Verlag, Nerdlen, 2007).

Yin, S.: *How To Behave So Your Dog Behaves.* Neptune, NJ, T.F.H. Publications, 2004. (In deutscher Übersetzung erschienen unter: *Wie der Mensch, so sein Hund. Erziehungsprogramm für Hundehalter.* Kynos Verlag, Nerdlen, 2006).

Andere Bücher/DVDs zum Thema Spielen
Bennett, R.: *Off-Leash Dog Play: A Complete Guide to Safety and Fun.* Woodbridge, VA, Dream Dog Productions, 2007.

London, K.B.: *Canine Play, Including Its Relationship to Aggression.* Eagle, ID, Tawzer Dog Videos.

Miller, P.: *Play With Your Dog.* Wenatchee, WA, Dogwise Publishing, 2008.

Bücher zum Thema Tricktraining

Bielakiewicz, G. & Bielakiewicz, P.: *The Only Dog Tricks Book You'll Ever Need.* Cincinnati, OH, Adams Media, 2005.

Sundance, K. & Chalcy: *101 Dog Tricks: Step-by-Step Activities to Engage, Challenge and Bond With Your Dog.* Beverly, MA, Quarry Books, 2007.

Hunter, R.: *Fun Nosework for Dogs.* Franklin, NY, Howln Moon Press, 1996.

Dainty, S.: *50 Games to Play with Your Dog.* Neptune City, NJ, T.F.H. Publications, 2007.

Ray, M. & Harding, J.: *Dog Tricks. Clevere Spaßspiele für jeden Hund.* Kynos Verlag, Nerdlen, 2005.

Theby, V.: *Die Hunde-Uni. Schlaue Aufgaben für schlaue Hunde.* Kynos Verlag, Nerdlen, 2008.

Forschungsarbeiten zum Thema Spielen und soziale Beziehungen

Bekoff, M. & Byers, J.A., »A critical reanalysis of the ontogeny of mammalian social and locomotor play: An ethological hornet's nest,« in Immelmann, K.; Barlow, G.W.; Petrinovich, L. u. Main, M. (Hrsg.): *Behavioral Development. The Bielefeld interdisciplinary project.* New York, Cambridge University Press (1981), S. 296 - 337.

Bekoff, M. & Byers, J.A.: *Animal Play: Evolutionary, Comparative and Ecological Perspectives.* Cambridge, Cambridge University Press, 1998.

Burkhardt, G.M.: *The Genesis of Animal Play: Testing the Limits.* Cambridge, MA, MIT Press, 2005.

Fagen, R.: *Animal Play Behavior.* New York, Oxford University Press, 1981.

Koda, N.: »Development of play behavior between potential guide dogs for the blind and human raisers«, in: *Behavioural Processes 53* (2001), S. 41 - 46.

Miklósi, A.: *Dog Behaviour, Evolution and Cognition.* Oxford, UK, Oxford University Press, 2008.

Prato-Previde, E., Fallani, G., u. Valsecchi, P., »Gender differences in owners interacting with pet dogs: An observational study«, in *Ethology* 112 (2006), S. 64 - 73.

Rooney, N.J.; Bradshaw, J.W.S. & Robinson, I.H., »Do dogs respond to play signals given by humans?«, in: *Animal Behaviour* 61 (2001), S. 715 - 722.

Rooney, N.J. & Bradshaw, J.W.S., »An experimental study of the effects of play upon the dog-human relationship«, in: *Applied Animal Behaviour Science* 75 (2002), S. 161 - 176.

Rooney, N.J. & Bradshaw, J.W.S., »Links between play and dominance and attachment dimensions of dog-human relationships«, in: *Journal of Applied Animal Welfare Science* 6 (2003), S. 67 - 94.

Spinka, M.; Newberry, R.C. & Bekoff, M., »Mammalian play: Training for the unexpected«, in: *The Quarterly Review of Biology* 76 (2001), S. 141 - 168.

Topál, J.; Miklósi, Á.; Csányi, V. & Dóka, A., »Attachment behavior in dogs (Canis familiaris): a new application of Ainsworth's (1969) strange situation test«, in: *Journal of Comparative Psychology* 112 (1998), S. 219 - 229.

Wilson, E.O.: Sociobiology: *The New Synthesis.* Cambridge, MA, Harvard University Press, 1975.

Andere Bücher von Patricia B. McConnell & Karen London

Kleine Geschäftskunde: So wird Ihr Hund stubenrein. Kynos Verlag, Nerdlen, 2008.

Alter Angeber! Leinenaggression bei Hunden verstehen und beheben. Kynos Verlag, Nerdlen, 2008.

Einmal Meutechef und zurück: Mit mehreren Hunden leben. Kynos Verlag, Nerdlen, 2008.

Andere Bücher von Patricia B. McConnell

Das andere Ende der Leine. Was unseren Umgang mit Hunden bestimmt. Kynos Verlag, Mürlenbach, 2004.

Liebst Du mich auch? Die Gefühlswelt bei Hund und Mensch. Kynos Verlag, Mürlenbach, 2007.

Die Hundegrundschule: Ein Sechs-Wochen-Lernprogramm. Kynos Verlag, Nerdlen, 2008.

Trau nie einem Fremden: Angstbedingtes Verhalten bei Hunden erkennen und beheben. Kynos Verlag, Nerdlen, 2008.

Waldi allein zuhaus: Wenn Hunde Trennungsangst haben. Kynos Verlag, Nerdlen, 2008.